"博学而笃志,切问而近思。"

(《论语》)

博晓古今,可立一家之说;
学贯中西,或成经国之才。

复旦博学·复旦博学·复旦博学·复旦博学·复旦博学·复旦博学

作者简介

孔庆生，男，1961年7月出生.任教于复旦大学信息科学与工程学院电子工程系.长期从事电子信息类课程的课堂教学及实验教学工作，以及电子系统设计、过程控制等科研工作.曾获得上海市科技进步三等奖.

电子学基础系列
ELECTRONICS

模拟与数字电路基础实验

孔庆生 编著

复旦大学出版社

内 容 提 要

"模拟电子学基础"和"数字逻辑基础"是复旦大学理科技术类基础平台课程,《模拟与数字电路基础实验》是这两门课程的配套实验教材.教材编写的立足点是使用当代EDA工具进行基础实验仿真教学,以有限课时对理论课程涉及的理论与概念进行全面分析与验证,从而能够使绝大多数学生充分理解及掌握理论基础概念、培养对电子信息类课程的学习兴趣、提高对电子信息类课程的分析与解决问题的能力.

本书内容分为模拟电子学基础实验、数字逻辑基础实验及印刷电路板设计基础实验共3个部分:第一部分内容涵盖"模拟电子学基础"课程的基本概念,包括线性电路分析、晶体管单级放大器分析、多级放大器分析、差动放大器分析、负反馈放大器分析、信号处理电路分析、信号发生器分析、直流电源分析等8个实验;第二部分内容涵盖"数字逻辑基础"课程的基本概念,包括数字EDA软件入门、组合电路的分析和验证、组合电路(7段译码器与编码器)的设计、层次化的设计方法(全加器设计)、迭代设计法(四位全加器与数据比较器的设计)、算术逻辑单元的设计、触发器及基本应用电路、同步计数器与应用、顺序脉冲信号发生器、状态机设计(自动售货机)、交通灯控制器等11个实验;第三部分内容与电子工程实习环节相结合,包括单面印刷电路板手工设计、双面印刷电路板手工及自动设计、电路原理图元件符号创建、印刷电路板元件封装符号创建等4个实验.本书所有实验也适于电路的实际制作与仪器测量.

前 言

复旦大学电子信息教学实验中心主任俞承芳教授约我为该中心编写的系列实验教材作序,我欣然同意,原因是我从切身经历中体会到实验课程的重要.

1956年,我考进复旦大学物理系.大学课程与中学课程最为不同的要算普通物理实验课了,它最难学.难在要自学实验讲义,要写预习报告,要做实验,要写实验报告.每个环节以前都未学过,实验老师对我们的要求又特别严格,我们要花费很多时间去学实验课.也就是这个实验课,使我感到收获最大,受用一生.它培养了我的自学能力、动手能力和严谨的科学态度.当年我们的系主任王福山教授十分重视实验教学.他是理论物理出身,曾与大名鼎鼎的理论物理学家海森伯(Wemer Karl Heisenberg,于1932年获诺贝尔物理学奖)共事过.1956年党发出向科学进军的号召,可惜不久就被千万不要忘记阶级斗争的口号声所淹没.即使在"左"占统治地位的年代里,也是在说重实践,要动手.众所周知物质第一性,实践是检验真理的标准.科学实验是人们认识自然、建设社会、创造财富中一个很重要的环节,电子信息实验课在当前日新月异的电子科学与技术教学中更占重要地位.历年来,实验教学一直是复旦大学教学方面的一个强项,一个特色.

为培养具有创新精神的高素质人才,适应电子信息技术飞跃发展对学生知识结构和能力的要求,复旦大学电子信息教学实验中心的教师积极开展实验教学研究,改革和整合实验课程及其教学内容.经过多年的努力,中心开设了以EDA软件教学为主的"模拟与数字电路基础实验",以硬件电路设计为主的"模拟与数字电路实验"、"微机系统与接口实验",以系统设计能力培养为主的"电子系统设计"和以新的电子技术应用为主的"近代无线电实验"等实验课程.这些实验在基础实验阶段要求学生能了解问题,在电路设计阶段要求学生能发现问题,在系统设计阶段要求学生能提出和解决问题.从基础知识的掌握到电路设计的训练,从电子新技术的应用到系统设计能力的培养,对学生业务能力的提高起了很大的作用.

在总结教学改革经验的基础上,该实验中心编写了一系列的实验教材,这套教材既保持了实验课程自身的体系与特色,又与相应的理论课程相衔接.在教材内容上,这套教材取材新颖,知识面宽,既将 EDA 融合在实验教学中,又强调了硬件电路和系统的设计与实现.

复旦大学电子工程系的电子学教学实验室经历赵梓光、叶君平、陈瑞涛、蓝鸿翔、吴皖光、陆廷璋等老师主持实验教学的六十、七十、八十年代,到今天在 211 工程、985 工程和世界银行贷款资助下,在校、院、系领导的大力支持下,俞承芳等教授领导的电子信息教学实验中心得到了更大的发展、充实和提高.此系列教材是实验中心全体人员努力工作的结晶,是一项很好的教学成果.

中国工程院院士、复旦大学首席教授

王威琪

2004 年 6 月

编 者 的 话

"模拟电子学基础"、"数字逻辑基础"是复旦大学理科技术类基础平台课程,《模拟与数字电路基础实验》是这两门课程的配套实验教材.

采用 EDA 手段进行基础实验仿真教学,可以使没有电路制作经验的学生在极其有限的课时内,通过仿真实验手段以经历最大量的实验事例、现象、结果分析,使绝大多数学生充分理解及掌握理论基础概念,培养对电子信息类课程学习的兴趣,提高分析与解决问题能力,达到电子信息类课程的教学目的.

本书内容分为模拟电子学基础实验、数字逻辑基础实验及印刷电路板设计基础实验 3 个部分.

第一篇基础实验内容涵盖"模拟电子学基础"课程的基本概念,包括线性电路分析、晶体管单级放大器分析、多级放大器分析、差动放大器分析、负反馈放大器分析、信号处理电路分析、信号发生器分析、直流电源分析等 8 个实验.

第二篇基础实验内容涵盖"数字逻辑基础"课程的基本概念,包括数字 EDA 软件入门、组合电路的分析和验证、组合电路(7 段译码器与编码器)的设计、层次化的设计方法(全加器设计)、迭代设计法(四位全加器与数据比较器的设计)、算术逻辑单元的设计、触发器及基本应用电路、同步计数器与应用、顺序脉冲信号发生器、状态机设计(自动售货机)、交通灯控制器等 11 个实验.

第三篇基础实验内容与电子工程实习环节相结合,包括单面印刷电路板手工设计、双面印刷电路板手工及自动设计、电路原理图元件符号创建、印刷电路板元件封装符号创建等 4 个实验.

"模拟与数字电路基础实验"课程的建设得到了学校和院系领导的大力支持,电子信息教学实验中心的诸多老师参加了课程的教学实践.此书的编写汇集了很多老师的教学改革经验,讲义也经多次多届学生试用并在此基础上修改完稿.自从本书的第一版于 2005 年 3 月出版以来,EDA 手段不断更新,教学内容与方法也不断改进,因此有必要对本书改版.在改版编写的过程中,赵燕、马煜、郭翌老师提供了宝贵意见和建议,给予了很大的帮助,许多学生也就课程设置与内容安排提出了很好的建议,在此致以衷心的感谢.鉴于编者的水平与经验,书中的疏漏和错误之处在所难免,欢迎广大读者给予批评和指正,并请提出宝贵意见.

编 者

2014 年 5 月

目 录

第1篇 模拟电子学基础实验 ·············· 1

§1.1 线性电路的仿真 ·············· 2
  1.1.1 OrCAD 的使用 ·············· 2
    1.1.1.1 电路原理图输入 Capture 操作步骤 ·············· 2
    1.1.1.2 电路仿真 PSpice 操作步骤 ·············· 3
  1.1.2 无源RLC线性电路特性 ·············· 4
    1.1.2.1 一阶低通系统 ·············· 5
    1.1.2.2 一阶高通系统 ·············· 9
    1.1.2.3 二阶低通系统 ·············· 11
    1.1.2.4 二阶高通系统 ·············· 17
    1.1.2.5 二阶带通系统 ·············· 20
    1.1.2.6 二阶带阻系统 ·············· 23
  1.1.3 实验内容 ·············· 26
    1.1.3.1 一阶低通和高通电路仿真分析 ·············· 27
    1.1.3.2 二阶低通和高通电路仿真分析 ·············· 27
    1.1.3.3 二阶带通和带阻电路仿真分析* ·············· 28
  1.1.4 实验步骤 ·············· 28
    1.1.4.1 无源 RLC 线性电路原理图输入 ·············· 28
    1.1.4.2 无源 RLC 线性电路阶跃响应的瞬态分析 ·············· 30
    1.1.4.3 无源 RLC 线性电路正弦响应的瞬态分析 ·············· 32
    1.1.4.4 无源 RLC 线性电路的交流分析 ·············· 34
    1.1.4.5 实验数据记录 ·············· 35

§1.2 晶体管单级放大器的分析 ·············· 38
  1.2.1 实验原理 ·············· 38
    1.2.1.1 双极型管共射放大器 ·············· 38
    1.2.1.2 MOSFET 共源放大器 ·············· 42
  1.2.2 实验内容 ·············· 46
    1.2.2.1 双极型管共射放大器分析 ·············· 46

1.2.2.2　绝缘栅型场效应管共源放大器分析 …………………… 47
　　　1.2.2.3　实验数据记录 ………………………………………… 48
§1.3　晶体管多级放大器的分析 ……………………………………… 49
　1.3.1　实验原理 ……………………………………………………… 49
　　　1.3.1.1　共射放大器特性 …………………………………… 51
　　　1.3.1.2　共基放大器特性 …………………………………… 52
　　　1.3.1.3　共集放大器特性 …………………………………… 52
　1.3.2　实验内容 ……………………………………………………… 53
　　　1.3.2.1　多级放大器的瞬态分析 …………………………… 54
　　　1.3.2.2　多级放大器的交流分析* ………………………… 54
　　　1.3.2.3　实验数据记录 ………………………………………… 55
§1.4　差动放大电路的分析 …………………………………………… 56
　1.4.1　实验原理 ……………………………………………………… 56
　　　1.4.1.1　基本型差动放大器 ………………………………… 56
　　　1.4.1.2　恒流源型差动放大器 ……………………………… 58
　　　1.4.1.3　有源负载型差动放大器 …………………………… 60
　1.4.2　实验内容 ……………………………………………………… 63
　　　1.4.2.1　差动放大器的瞬态分析 …………………………… 63
　　　1.4.2.2　差动放大器的交流扫描分析* …………………… 63
　　　1.4.2.3　实验数据记录 ………………………………………… 64
§1.5　负反馈放大电路的分析 ………………………………………… 65
　1.5.1　实验原理 ……………………………………………………… 65
　　　1.5.1.1　负反馈系统组态 …………………………………… 65
　　　1.5.1.2　负反馈系统特性 …………………………………… 66
　1.5.2　实验内容 ……………………………………………………… 68
　　　1.5.2.1　电压串联负反馈放大电路的分析 ………………… 68
　　　1.5.2.2　电流串联负反馈放大电路的分析* ……………… 70
　　　1.5.2.3　电压并联负反馈放大电路的分析* ……………… 71
　　　1.5.2.4　电流并联负反馈放大电路的分析 ………………… 73
　　　1.5.2.5　数据记录 ……………………………………………… 75
§1.6　运算放大器及其信号处理电路的分析 ………………………… 77
　1.6.1　实验原理 ……………………………………………………… 77
　　　1.6.1.1　运算放大器特性 …………………………………… 77

         1.6.1.2　信号处理电路 …………………………………… 80
         1.6.1.3　有源滤波器 ………………………………………… 85
    1.6.2　实验内容 …………………………………………………… 89
         1.6.2.1　运算放大器特性分析 ……………………………… 90
         1.6.2.2　加运算电路分析 …………………………………… 90
         1.6.2.3　积分与微分运算电路分析 ………………………… 91
         1.6.2.4　有源滤波器电路分析 ……………………………… 91
         1.6.2.5　数据记录 ……………………………………………… 92
§1.7　信号波形发生电路的分析 ………………………………………… 93
    1.7.1　实验原理 …………………………………………………… 93
         1.7.1.1　Wien 正弦波振荡器 ………………………………… 93
         1.7.1.2　非正弦波振荡器 …………………………………… 96
    1.7.2　实验内容 …………………………………………………… 98
         1.7.2.1　Wien 正弦波振荡器分析 …………………………… 98
         1.7.2.2　非正弦波振荡器分析* ……………………………… 99
         1.7.2.3　数据记录 …………………………………………… 100
§1.8　串联型调整管稳压电源的分析 …………………………………… 101
    1.8.1　实验原理 …………………………………………………… 101
         1.8.1.1　变压器 ………………………………………………… 101
         1.8.1.2　整流与滤波电路 …………………………………… 101
         1.8.1.3　稳压电路 ……………………………………………… 103
         1.8.1.4　稳压电源主要指标 ………………………………… 104
    1.8.2　实验内容 …………………………………………………… 105
         1.8.2.1　输出电压范围分析 ………………………………… 105
         1.8.2.2　稳压系数分析 ……………………………………… 105
         1.8.2.3　输出阻抗分析* ……………………………………… 106
         1.8.2.4　滤波电压纹波分析* ………………………………… 106
         1.8.2.5　数据记录 …………………………………………… 106
§1.9　OrCAD 使用指南 …………………………………………………… 107
    1.9.1　电路原理图输入 Capture …………………………………… 107
         1.9.1.1　电路原理图的基本结构 …………………………… 107
         1.9.1.2　设计项目管理 ……………………………………… 108
         1.9.1.3　PSpice 数据表示 …………………………………… 109

1.9.1.4 元件(Part)与库(Library) …… 109
1.9.1.5 元器件的放置(Place/Part) …… 112
1.9.1.6 电源与接地符号的放置(Place/Power 和 Place/Ground) …… 112
1.9.1.7 端口连接符号的放置(Place/Off-Page Connector) …… 113
1.9.1.8 互连线的绘制(Place/Wire) …… 113
1.9.1.9 电连接结点的放置(Place/Junction) …… 114
1.9.1.10 节点名的放置(Place/Net Alias) …… 114
1.9.1.11 总线 …… 114
1.9.1.12 电路图的编辑修改 …… 115
1.9.1.13 元器件属性参数的编辑修改 …… 116
1.9.2 电路仿真 PSpice …… 117
1.9.2.1 输出变量表示 …… 117
1.9.2.2 直流工作点分析(Bias Point) …… 119
1.9.2.3 直流特性扫描分析(DC Sweep) …… 119
1.9.2.4 交流小信号频率特性分析(AC Sweep) …… 120
1.9.2.5 瞬态特性分析(Time Domain(Transient)) …… 121
1.9.2.6 输入激励信号 …… 122
1.9.2.7 波形显示和分析模块 Probe …… 125
§1.10 放大器参数测试以及无源器件参数系列 …… 128
1.10.1 放大器参数测试的实验方法 …… 128
1.10.1.1 最大动态范围 V_{opp} 的测试 …… 128
1.10.1.2 放大器输入阻抗 r_i 的测试 …… 128
1.10.1.3 放大器输出电阻 r_o 的测试 …… 129
1.10.1.4 放大器增益的测试 …… 130
1.10.1.5 放大器幅频特性的测试 …… 131
1.10.2 无源器件参数系列 …… 131
1.10.2.1 电阻参数系列 …… 131
1.10.2.2 电容参数系列 …… 133
1.10.2.3 电感参数系列 …… 134

第2篇 数字逻辑基础实验 …… 135
§2.1 数字 EDA 软件入门 …… 135
2.1.1 设计软件 ISE 的使用 …… 135

目 录

　　2.1.1.1　进入设计环境 …………………………………………… 136
　　2.1.1.2　进入电原理图编辑器 …………………………………… 138
　　2.1.1.3　编辑电原理图 …………………………………………… 142
　　2.1.1.4　逻辑功能验证 …………………………………………… 145
　　2.1.1.5　设计实现和时序仿真 …………………………………… 150
　2.1.2　实验内容 ………………………………………………………… 152
　　2.1.2.1　输入电原理图 …………………………………………… 152
　　2.1.2.2　设计后续处理 …………………………………………… 152
　　2.1.2.3　实验预习 ………………………………………………… 153
　　2.1.2.4　实验报告要求 …………………………………………… 153
§2.2　组合电路的分析和验证 ……………………………………………… 153
　2.2.1　实验原理 ………………………………………………………… 153
　2.2.2　实验内容 ………………………………………………………… 153
　　2.2.2.1　编码器电路分析 ………………………………………… 153
　　2.2.2.2　组合电路分析1* ………………………………………… 155
　　2.2.2.3　组合电路分析2* ………………………………………… 156
　　2.2.2.4　实验预习报告内容 ……………………………………… 156
　　2.2.2.5　实验报告要求 …………………………………………… 157
§2.3　组合电路(7段译码器与编码器)的设计 …………………………… 157
　2.3.1　实验原理 ………………………………………………………… 157
　2.3.2　实验内容 ………………………………………………………… 159
　　2.3.2.1　设计7段数码显示器译码电路 ………………………… 159
　　2.3.2.2　设计4-2优先编码器* …………………………………… 160
　　2.3.2.3　实验预习报告内容 ……………………………………… 161
　　2.3.2.4　实验报告要求 …………………………………………… 161
§2.4　层次化的设计方法(全加器设计) …………………………………… 162
　2.4.1　实验原理 ………………………………………………………… 162
　2.4.2　实验内容 ………………………………………………………… 168
　　2.4.2.1　用层次化的方法设计4位加法器电路 ………………… 168
　　2.4.2.2　用已验证的4位加法器宏单元组成一个8位的加减器* …… 168
　　2.4.2.3　实验预习报告内容 ……………………………………… 168
　　2.4.2.4　实验报告要求 …………………………………………… 169
§2.5　迭代设计法(4位全加器与数据比较器的设计) …………………… 169

2.5.1 实验原理 … 169
2.5.2 实验内容 … 170
2.5.2.1 设计采用超前进位技术的 4 位加法器 … 170
2.5.2.2 采用迭代的方法设计一个 4 位的数据比较器 … 171
2.5.2.3 实验预习报告内容 … 171
2.5.2.4 实验报告要求 … 171

§2.6 算术逻辑单元的设计* … 172
2.6.1 实验原理 … 172
2.6.2 实验内容 … 173

§2.7 触发器及基本应用电路 … 173
2.7.1 实验原理 … 173
2.7.1.1 触发器的转换 … 173
2.7.1.2 二进制异步计数器 … 174
2.7.1.3 移位寄存器 … 175
2.7.2 实验内容 … 176
2.7.2.1 触发器与锁存器的性能比较 … 176
2.7.2.2 触发器形式的变化 … 176
2.7.2.3 异步计数器的基本性能分析 … 176
2.7.2.4 异步计数器的工作过程分析 … 176
2.7.2.5 移位寄存器分析* … 177
2.7.2.6 实验预习报告内容 … 177
2.7.2.7 实验报告要求 … 177

§2.8 同步计数器与应用 … 178
2.8.1 实验原理 … 178
2.8.2 实验内容 … 180
2.8.2.1 同步计数器的基本性能分析 … 180
2.8.2.2 构成秒信号发生器 … 180
2.8.2.3 10 进制计数器和 6 进制计数器的设计 … 180
2.8.2.4 电子秒表电路设计 … 180
2.8.2.5 带冗余状态的同步时序电路的设计* … 180
2.8.2.6 实验预习报告内容 … 180
2.8.2.7 实验报告要求 … 181

§2.9 顺序脉冲信号发生器 … 182

目 录

2.9.1 实验原理 ………………………………………………… 182
2.9.2 实验内容 ………………………………………………… 182
  2.9.2.1 计数器与译码器构成的顺序脉冲信号发生器 …………… 182
  2.9.2.2 环型计数器构成的顺序脉冲信号发生器 ………………… 183
  2.9.2.3 伪随机序列发生器* …………………………………… 183
  2.9.2.4 实验预习报告内容 …………………………………… 183
  2.9.2.5 实验报告要求 ……………………………………… 184
§2.10 状态机设计(自动售货机) ………………………………… 184
  2.10.1 实验原理 ……………………………………………… 184
  2.10.2 实验内容 ……………………………………………… 187
    2.10.2.1 自动售货机控制电路设计 …………………………… 187
    2.10.2.2 自动售货机控制电路的改进* ………………………… 187
    2.10.2.3 实验预习报告内容 …………………………………… 187
    2.10.2.4 实验报告要求 ……………………………………… 188
§2.11 交通灯控制器* ………………………………………… 188
  2.11.1 实验原理 ……………………………………………… 188
  2.11.2 实验内容 ……………………………………………… 189
§2.12 逻辑单元图形符号 ……………………………………… 189
§2.13 FPGA 结构数据下载 …………………………………… 190
  2.13.1 实验开发板 FPGA 外围设备 ………………………… 190
    2.13.1.1 系统电源与结构文件数据下载方式选择 …………… 190
    2.13.1.2 外围输入设备的 FPGA 芯片管脚定义 ……………… 191
    2.13.1.3 外围输出设备的 FPGA 芯片管脚定义 ……………… 191
    2.13.1.4 外围双向设备的 FPGA 芯片管脚定义 ……………… 191
  2.13.2 结构文件数据配置下载的准备 ……………………… 194
    2.13.2.1 接通 FPGA 开发板电源和 JATG 下载线 …………… 194
    2.13.2.2 完成项目顶层电路原理图的编辑与修改 …………… 194
    2.13.2.3 分配 FPGA 管脚 …………………………………… 196
  2.13.3 下载结构文件数据到 FPGA 芯片内部 RAM ………… 198
    2.13.3.1 指定 bit 编程文件 ………………………………… 198
    2.13.3.2 下载 bit 文件到 FPGA 芯片内部 RAM …………… 200
  2.13.4 下载结构文件数据到 FPGA 芯片外部 EEPROM ……… 201
    2.13.4.1 指定 mcs 编程文件 ………………………………… 201

2.13.4.2 下载 mcs 文件到 FPGA 芯片外部 EEPROM …………… 206

第 3 篇　印刷电路板设计基础实验 …………………………………… 209
§3.1　单面印刷电路板设计 ………………………………………… 210
3.1.1　印刷电路板设计原理 ………………………………………… 210
3.1.1.1　印刷电路板层次结构 ……………………………… 210
3.1.1.2　印刷电路板元件布局 ……………………………… 210
3.1.1.3　印刷电路板布线 …………………………………… 211
3.1.2　Altium Designer 使用入门 …………………………………… 212
3.1.2.1　新建电路板工程项目 ……………………………… 212
3.1.2.2　电路原理图编辑 …………………………………… 213
3.1.2.3　印刷电路板设计 …………………………………… 213
3.1.3　实验内容 ……………………………………………………… 214
3.1.3.1　晶体振荡器电路原理图编辑 ……………………… 214
3.1.3.2　晶体振荡器电路印刷板设计 ……………………… 215
3.1.4　实验步骤 ……………………………………………………… 216
3.1.4.1　新建电路板工程项目 ……………………………… 216
3.1.4.2　电路原理图的编辑 ………………………………… 217
3.1.4.3　印刷电路板的编辑 ………………………………… 219
§3.2　双面印刷电路板设计 ………………………………………… 220
3.2.1　实验原理 ……………………………………………………… 220
3.2.1.1　金属化过孔与双面走线 …………………………… 221
3.2.1.2　双面印刷电路板设计预处理 ……………………… 221
3.2.1.3　双面印刷电路板设计规则设置 …………………… 222
3.2.1.4　双面印刷电路板设计自动布线 …………………… 223
3.2.1.5　双面印刷电路板设计后续处理 …………………… 223
3.2.2　实验内容 ……………………………………………………… 224
3.2.2.1　三位数字频率计电路原理图编辑 ………………… 224
3.2.2.2　三位数字频率计印刷电路板设计 ………………… 226
§3.3　原理图元件符号创建 ………………………………………… 227
3.3.1　实验原理 ……………………………………………………… 227
3.3.1.1　原理图元件符号库文件管理 ……………………… 227
3.3.1.2　原理图元件符号的创建 …………………………… 228

3.3.2　实验内容 …………………………………………………… 229
　　　3.3.2.1　RS485 总线驱动接收器元件符号的创建 ……………… 229
　　　3.3.2.2　RS232/RS485 总线转换电路原理图编辑 ……………… 229
　　　3.3.2.3　RS232/RS485 总线转换电路的 PCB 设计 …………… 232
§3.4　印刷板图元件创建 …………………………………………………… 232
　　3.4.1　实验原理 …………………………………………………… 232
　　　3.4.1.1　印刷板元件封装图形库文件管理 ……………………… 233
　　　3.4.1.2　印刷板元件封装图形的创建 …………………………… 233
　　3.4.2　实验内容 …………………………………………………… 234
　　　3.4.2.1　7 段数码显示器元件符号的创建 ……………………… 234
　　　3.4.2.2　三位数字动态扫描显示电路原理图编辑 ……………… 235
　　　3.4.2.3　三位数字动态扫描显示电路的 PCB 设计 …………… 237
§3.5　Altium Designer 使用指南 ………………………………………… 238
　　3.5.1　层次电路原理图编辑方法 …………………………………… 238
　　　3.5.1.1　层次电路元件序号标识形式 …………………………… 238
　　　3.5.1.2　建立层次电路 …………………………………………… 238
　　3.5.2　印刷电路板后续处理 ………………………………………… 239
　　　3.5.2.1　敷铜区放置 ……………………………………………… 240
　　　3.5.2.2　设置泪滴焊盘及泪滴过孔 ……………………………… 240

参考文献 ……………………………………………………………………… 241

第 1 篇 模拟电子学基础实验

电路设计就是根据功能和指标需求,确定电路拓扑结构以及电路中各元件的参数值,再进一步将电路原理图转换为印刷电路板设计.

传统的设计方法是由人工完成项目的提出、验证和修改,其中设计项目的验证一般都采用制作试验电路的方式进行.

在电子设计领域,广泛利用计算机辅助设计 CAD(Computer Aided Design)技术实现电子设计自动化 EDA(Electronic Design Automation). 由设计者根据指标需求进行总体设计并提出具体的设计方案,使用 CAD 软件对设计方案进行仿真评价、设计验证和数据处理等工作. 重复上述工作过程以使方案接近理想,直至电路设计的完成.

OrCAD 是一种集成化 EDA 软件,使用 OrCAD 系统进行电路仿真与设计的工作流程,包括电路原理图输入 Capture、逻辑仿真 Express 或电路仿真 PSpice、印刷电路版设计 Lagout.

(1) 电路原理图输入 OrCAD/Capture:

用于生成各类模拟电路、数字电路和数/模混合电路的电路原理图.

(2) 逻辑仿真 OrCAD/Express:

对 Capture 生成的数字电路进行门级仿真、VHDL 综合和仿真.

(3) 电路仿真 OrCAD/PSpice:

对模拟、数字和数/模混合电路进行仿真,具有设计优化的功能. PSpice 是 SPICE(Simulation Program with Integrated Circuit Emphasis)软件的 PC 版本.

(4) 印刷电路版设计 OrCAD/Layout:

由 OrCAD/Capture 生成的电路图,产生 PCB(Printed Circuit Board)设计.

模拟电子学基础实验着重于运用 OrCAD/Capture 和 OrCAD/PSpice 软件,对无源及有源模拟电路进行电路原理图输入和电路仿真. 使用 OrCAD 软件对模拟电路进行仿真分析,力求在较短时间内获得实验结果.

本篇内容包括线性电路分析、晶体管单级放大器分析、多级放大器分析、差动放大器分析、负反馈放大器分析、信号处理电路分析、信号发生器分析、直流电源分析等 8 个基础实验. 本篇所有实验也适于电路的实际制作与仪器测量.

§1.1 线性电路的仿真

通过使用 OrCAD 软件对线性电路进行仿真,验证无源 RLC 电路的特性,初步了解 OrCAD 的使用方法.

1.1.1 OrCAD 的使用

1.1.1.1 电路原理图输入 Capture 操作步骤

步骤一 启动 OrCAD/Capture

选择"开始"→"程序"→"OrCAD 9.2"→"Capture",以进入 Capture 工作环境.

步骤二 创建新项目

(1) 在 Capture 菜单中,选择"File/New/Project"命令,以创建新项目.

(2) 出现"New Project"对话窗口.可在 Name 对话框中键入欲建立项目的名字(如"My Project"),在 Location 对话框中键入该项目的保存地址(如"E:\MyDocument"),并在 Create a New Project Using 复选框中选择"Analog or Mixed-Signal Circuit". 单击"OK". 详见"1.9.1.2 设计项目管理".

(3) 出现"Create PSpice Project"对话窗口.可在 Create base upon an existing project 复选框中选择电路结构,如"simple.opj"(单页电路图结构). 单击"OK". 详见"1.9.1.1 电路原理图的基本结构".

步骤三 电路原理图编辑

在项目管理器中,依次双击"Design Resources","My Project.dsn","Schematic1","Page1",进入原理图编辑器界面.

(1) 放置元器件符号.

从 OrCAD/Capture 符号库中调用合适的元器件符号,如电阻、电容、晶体管、电源和接地符号等并将它们放置在电路图的适当位置.对分层式电路设计,还需绘制各层次框图.详见"1.9.1.4 元件(Part)与库(Library)"、"1.9.1.5 元器件的放置(Place/Part)"、"1.9.1.6 电源与接地符号的放置(Place/Power 和 Place/Ground)".

(2) 元器件间的电连接.

包括互连线、总线、电连接标识符、节点符号及节点名等.对分层式电路设计,还需绘制框图端口符.详见"1.9.1.7 端口连接符号的放置(Place/Off-Page

Connector)"、"1.9.1.8 互连线的绘制(Place/Wire)"、"1.9.1.9 电连接结点的放置(Place/Junction)"、"1.9.1.10 节点名的放置(Place/Net Alias)"、"1.9.1.11 总线".

(3) 绘制电路图中辅助元素.

为非必须步骤.可以绘制图纸标题栏、在电路图中添加"书签"、绘制特殊符号(如矩形、椭圆等)以及注释性文字说明.

步骤四　修改电路原理图

对已输入的电路原理图进行修改,如删除无用的元件、改变元件的放置位置、修改元件的属性参数等.详见"1.9.1.3 PSpice 数据表示"、"1.9.1.12 电路图的编辑修改"、"1.9.1.13 元器件属性参数的编辑修改".

步骤五　电路原理图保存

执行"File/Save"命令,将绘制好的电路图存入文件.

步骤六　电路的 PSpice 仿真

执行 PSpice 菜单下的命令.详见"1.1.1.2 电路仿真 PSpice 操作步骤".

1.1.1.2　电路仿真 PSpice 操作步骤

步骤一　绘制电路原理图

为建立待分析电路的拓扑结构以及元器件参数值,电路原理图绘制是电路仿真分析之前的必需过程.详见"1.1.1.1 电路原理图输入 Capture 操作步骤".

步骤二　设置仿真分析类型和参数

在 Capture 界面中执行"PSpice/Edit Simulation Profile"命令,屏幕上弹出"Simulation Setting"对话框.框中的 Analysis 标签页用于电路仿真分析类型和参数的设置.Options, Data Collection 和 Probe Window 3 个标签页用于设置波形显示和分析模块 Probe 的参数,其余 4 个标签页用于电路模拟中有关文件的设置.

Analysis 标签页中需完成 3 类参数内容设置.

(1) 设置基本分析类型.

由 Analysis Type 栏的下拉式列表中选择"Time Domain(Transient)"(瞬态分析)、"DC Sweep"(直流扫描)、"AC Sweep/Noise"(交流小信号频率分析)和"Bias Point"(直流偏置解计算)共 4 种基本电路分析类型中的一种分析类型.详见"1.9.2.2 直流工作点分析(Bias Point)"、"1.9.2.3 直流特性扫描分析(DC Sweep)"、"1.9.2.4 交流小信号频率特性分析(AC Sweep)"、"1.9.2.5 瞬态特性分析(Time Domain(Transient))".

(2) 设置仿真类型描述选项.

在 Options 栏选定该仿真类型描述中需要同时进行的电路特性分析.General

Settings(基本分析类型)总是无条件选中的.

(3) 设置分析参数.

在选择 Options 栏中某种分析类型后,需设置该类型分析中的必要参数.

步骤三 放置测量仪器探头

在 Capture 界面中执行"PSpice/Markers"命令下的"Voltage Level"(电压仪探头)、"Voltage Differential"(电压差仪探头)、"Current Into Pin"(电流仪探头)、"Power Dissipation"(功耗仪探头)子命令,将测量仪器探头用鼠标拖至电路原理图的待仿真节点处.可按鼠标右键执行"End Mode"命令以结束仪器探头的放置.

步骤四 执行 PSPICE 仿真分析

在 Capture 界面中执行"PSpice/Run"命令,即调用 PSpice 进行电路特性分析.

屏幕上出现 PSpice 仿真分析窗口,显示仿真分析的进程.仿真结束后分别生成以"DAT"和"OUT"为扩展名的两种结果数据文件,并在一个子窗口中显示分析结果波形.

步骤五 电路仿真结果分析.

(1) 仿真结果信号波形分析.

调用 Probe 模块,以 DAT 结果数据文件为输入分析仿真结果.详见"1.9.2.7 波形显示和分析模块 Probe".

(2) 出错信息显示分析.

根据对出错信息的分析,确定是否修改电路图、改变分析参数设置或采取措施解决不收敛问题,重新进行电路仿真分析.

(3) 仿真结果输出文件查阅.

执行"PSpice/View Output File"子命令,可以查阅 OUT 文件中的有关出错情况描述.

1.1.2 无源 RLC 线性电路特性

对于一阶或二阶因果系统,输入信号 $v_i(t)$、输出信号 $v_o(t)$ 之间的关系可分别由一阶或二阶微分方程来表示,系统传递函数 $H(s)$ 也分别为一阶或二阶有理多项式分式,分别具有一个或两个极点.

由电阻、电容、电感等元件可组成 n 阶线性系统.利用电容、电感等电抗元件的特性,可以组成 n 阶低通、高通、带通或带阻电路.如果只用一个电抗元件,则电路为一阶系统.相应地,组成二阶系统则至少用两个电抗元件.

低通、高通、带通或带阻电路又称为滤波器,为信号频率选择系统.如果电路允许低频信号通过,而抑制高频信号的输出,则该系统称为低通滤波器.如果电路允许高频信号通过,而抑制低频信号的输出,则该系统称为高通滤波器.如果电路允许中心频段内信号通过,而抑制其余频段信号的输出,则该系统称为带通滤波器.如果电路抑制中心频段内信号通过,而允许其余频段信号的输出,则该系统称为带阻滤波器.

1.1.2.1 一阶低通系统

一、低通电路

一阶低通电路如图 1-1-1 所示.

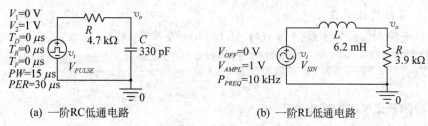

(a) 一阶RC低通电路　　　　　(b) 一阶RL低通电路

图 1-1-1　一阶低通电路

1. 系统传递函数 $H(s)$

一阶低通系统传递函数 $H(s)$ 的一般形式为

$$H(s) = \frac{v_o(s)}{v_i(s)} = \frac{\omega_H}{s + \omega_H} \tag{1.1.1}$$

ω_H 为电路的上截止角频率,电路的上截止频率 f_H 为

$$f_H = \frac{\omega_H}{2\pi} \tag{1.1.2}$$

ω_H 的倒数即为电路的时间常数 τ,

$$\tau = \frac{1}{\omega_H} \tag{1.1.3}$$

(1) 一阶 RC 低通.

图 1-1-1(a)所示的一阶 RC 低通电路上截止频率、时间常数为

$$\omega_H = \frac{1}{R \cdot C} \tag{1.1.4}$$

$$f_H = \frac{1}{2\pi \cdot R \cdot C} \tag{1.1.5}$$

$$\tau = R \cdot C \tag{1.1.6}$$

(2) 一阶 RL 低通.

图 1-1-1(b)所示的一阶 RL 低通电路上截止频率、时间常数为

$$\omega_H = \frac{R}{L} \tag{1.1.7}$$

$$f_H = \frac{R}{2\pi \cdot L} \tag{1.1.8}$$

$$\tau = \frac{L}{R} \tag{1.1.9}$$

2. 系统阶跃响应

系统输入信号为阶跃信号 $u(t)$，其 Laplace 变换表示为

$$u(t) \leftrightarrow \frac{1}{s} \tag{1.1.10}$$

一阶低通电路的输出响应为

$$v_o(t) \leftrightarrow H(s) \cdot v_i(s) = \frac{\omega_H}{s+\omega_H} \cdot \frac{1}{s} \leftrightarrow (1-e^{-\omega_H t}) \cdot u(t) \tag{1.1.11}$$

图 1-1-3(a)为一阶低通电路阶跃响应的示意图. 当 $t \to \infty$ 时，系统输出 v_o 的终值为 1；当 $t = \tau$ 时，输出 v_o 为终值的 63.2%（即 $1-e^{-1}$）；当 $t = 5\tau$ 时，输出 v_o 达到终值的 99.3%（即 $1-e^{-5}$）. 在一般情况下，持续时间 5τ 足以使输出 v_o 接近终值.

3. 系统正弦响应

系统输入信号为正弦信号 $\sin(\omega \cdot t)$，其 Laplace 变换表示为

$$\sin(\omega \cdot t) \leftrightarrow \frac{\omega}{s^2+\omega^2} \tag{1.1.12}$$

一阶低通电路的正弦响应为

$$\begin{aligned} v_o(t) &\leftrightarrow H(s) \cdot v_i(s) = \frac{\omega_H}{s+\omega_H} \cdot \frac{\omega}{s^2+\omega^2} \\ &\leftrightarrow \frac{1}{\sqrt{1+(\omega/\omega_H)^2}} \left(\sin\left(\omega \cdot t - \arctan\frac{\omega}{\omega_H}\right) + \frac{\omega/\omega_H}{\sqrt{1+(\omega/\omega_H)^2}} e^{-\omega_H t} \right) u(t) \end{aligned} \tag{1.1.13}$$

正弦响应表达式后项为瞬态响应，只对输出正弦波的平均电平产生影响. 随着激励持续时间增加，瞬态响应以 e 指数（时间常数 τ）规律衰减.

正弦响应表达式前项为稳态响应.当输入激励持续时间足够长($t > 5\tau$),正弦响应的瞬态部分衰减至足够小时,系统输出为正弦稳态响应:

$$v_o(t) \approx \frac{1}{\sqrt{1+(\omega/\omega_H)^2}} \sin\left(\omega \cdot t - \arctan\frac{\omega}{\omega_H}\right) \qquad (1.1.14)$$

$$v_o(t) \approx |H(j \cdot \omega)| \cdot \sin(\omega \cdot t + \varphi(j \cdot \omega)) \qquad (1.1.15)$$

在低通系统通频带内,输入正弦波信号频率远小于系统的上截止频率,即$f \ll f_H$,由式(1.1.13)可知,当$\omega \ll \omega_H$时,瞬态响应在幅度数量级上远小于稳态响应.并且输入信号一个周期时间足够长,即$1/f \gg 5\tau$,所以通频带内瞬态响应不显著.

在低通系统通频带外,输入正弦波信号频率远大于系统的上截止频率,即$f \gg f_H$,输入信号一个周期时间较短,即$1/f \ll 5\tau$.而且,由式(1.1.13)可知,当$\omega \gg \omega_H$时,瞬态响应在幅度上具备与稳态响应相当的数量级,所以通频带外瞬态响应比较显著.

图 1-1-2 为输入正弦波角频率$\omega = 10\omega_H$时(通频带外),一阶低通电路的正弦响应.将$\omega/\omega_H = 10$代入式(1.1.13),可验证图 1-1-2 所示的正弦响应波形:

$$v_o(t) \approx \frac{1}{10}(\mathrm{e}^{-t/\tau} + \sin(\omega \cdot t - \pi/2)) \qquad (1.1.16)$$

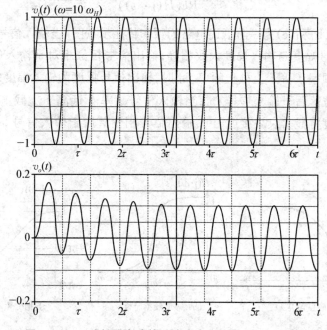

图 1-1-2　一阶低通电路的正弦响应(当$\omega = 10\omega_H$时)

4. 系统频率特性

由式(1.1.15)可知，系统对幅度为 1、角频率为 ω 的正弦信号的稳态响应也为角频率为 ω 的正弦信号，输出正弦信号的幅度为 $|H(j \cdot \omega)|$，与 ω 有关。

实质上，$H(j \cdot \omega)$ 为系统传递函数 $H(s)$ 的 Fourier 表达形式，即系统的频率特性。$|H(j \cdot \omega)|$ 表示输出正弦信号的幅度与信号角频率 ω 的关系，即系统的幅度频率特性；$\varphi(j \cdot \omega)$ 表示输出正弦信号相对于输入正弦信号的相位与信号角频率 ω 的关系，即系统的相位频率特性。

一阶低通电路的频率特性为

$$H(j \cdot \omega) = H(s)|_{s=j \cdot \omega} = \frac{\omega_H}{j \cdot \omega + \omega_H} \tag{1.1.17}$$

一阶低通电路的幅度频率特性为

$$|H(j \cdot \omega)| = \sqrt{H(j \cdot \omega) \cdot H(-j \cdot \omega)} = \frac{1}{\sqrt{1+(\omega/\omega_H)^2}} \tag{1.1.18}$$

一阶低通电路的相位频率特性为

$$\varphi(j \cdot \omega) = \arctan \frac{\mathrm{Im}(H(j \cdot \omega))}{\mathrm{Re}(H(j \cdot \omega))} = -\arctan \frac{\omega}{\omega_H} \tag{1.1.19}$$

图 1-1-3(b)和(c)为一阶低通电路的频率特性示意图。当输入信号频率 f 接近 0 时，输出信号幅度与输入幅度大致相等，输出信号相位相对于输入信号接近 0°；当输入信号频率 f 等于上截止频率 f_H 时，输出信号幅度为输入幅度的 0.707 倍，输出信号相位落后于输入信号 45°；当输入信号频率 f 远高于上截止频率 f_H 时，输出信号幅度将显著衰减接近于 0，输出信号相位落后于输入信号 90°，电路呈现低通特性。

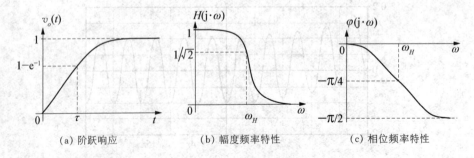

(a) 阶跃响应　　(b) 幅度频率特性　　(c) 相位频率特性

图 1-1-3　一阶低通电路特性

1.1.2.2 一阶高通系统

一阶高通电路如图 1-1-4 所示.

一、系统传递函数 $H(s)$

一阶高通系统传递函数 $H(s)$ 的一般形式为

$$H(s) = \frac{v_o(s)}{v_i(s)} = \frac{s}{s + \omega_L} \tag{1.1.20}$$

ω_L 为电路的下截止角频率,$1/\omega_L$ 即为电路的时间常数 τ.

1. 一阶 RC 高通

图 1-1-4(a)所示的一阶 RC 高通电路下截止频率、时间常数为

$$\omega_L = \frac{1}{R \cdot C} \tag{1.1.21}$$

$$f_L = \frac{1}{2\pi \cdot R \cdot C} \tag{1.1.22}$$

$$\tau = R \cdot C \tag{1.1.23}$$

2. 一阶 RL 高通

图 1-1-4(b)所示的一阶 RL 高通电路下截止频率、时间常数为

$$\omega_L = \frac{R}{L} \tag{1.1.24}$$

$$f_L = \frac{R}{2\pi \cdot L} \tag{1.1.25}$$

$$\tau = \frac{L}{R} \tag{1.1.26}$$

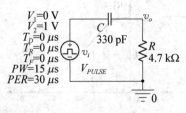

(a) 一阶 RC 高通电路

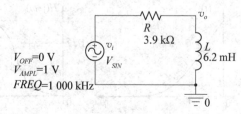

(b) 一阶 RL 高通电路

图 1-1-4　一阶高通电路

二、系统频率特性

一阶高通电路的频率特性为

$$H(j \cdot \omega) = H(s)|_{s=j \cdot \omega} = \frac{j \cdot \omega}{j \cdot \omega + \omega_L} \quad (1.1.27)$$

一阶高通电路的幅度频率特性为

$$|H(j \cdot \omega)| = \sqrt{H(j \cdot \omega) \cdot H(-j \cdot \omega)} = \frac{1}{\sqrt{1 + (\omega_L/\omega)^2}} \quad (1.1.28)$$

一阶高通电路的相位频率特性为

$$\varphi(j \cdot \omega) = \arctan \frac{\text{Im}(H(j \cdot \omega))}{\text{Re}(H(j \cdot \omega))} = \arctan \frac{\omega_L}{\omega} \quad (1.1.29)$$

图 1-1-5(b)和(c)为一阶高通电路的频率特性示意图。当输入信号频率 f 远高于下截止频率 f_L 时，输出信号幅度与输入幅度大致相等，输出信号相位相对于输入信号接近 $0°$；当输入信号频率 f 等于下截止频率 f_L 时，输出信号幅度为输入幅度的 0.707 倍，输出信号相位超前于输入信号 $45°$；当输入信号频率 f 接近 0 时，输出信号幅度将显著衰减接近于 0，输出信号相位超前于输入信号 $90°$，电路呈现高通特性。

三、系统阶跃响应

一阶高通电路的输出响应为

$$v_o(t) \leftrightarrow H(s) \cdot v_i(s) = \frac{s}{s + \omega_L} \cdot \frac{1}{s} \leftrightarrow e^{-\omega_L t} \cdot u(t) \quad (1.1.30)$$

即

$$v_o(t) = e^{-t/\tau} \cdot u(t) \quad (1.1.31)$$

图 1-1-5(a)为一阶高通电路阶跃响应的示意图。

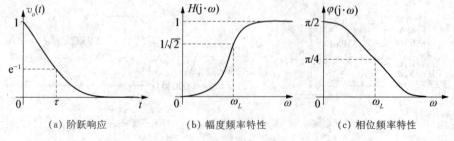

(a) 阶跃响应　　　　(b) 幅度频率特性　　　　(c) 相位频率特性

图 1-1-5　一阶高通电路特性

四、系统正弦响应

一阶高通电路的正弦响应为

$$v_o(t) \leftrightarrow H(s) \cdot v_i(s) = \frac{s}{s+\omega_L} \cdot \frac{\omega}{s^2+\omega^2}$$

$$\leftrightarrow \frac{1}{\sqrt{1+(\omega_L/\omega)^2}} \left(\sin\left(\omega \cdot t + \arctan\frac{\omega_L}{\omega}\right) - \frac{\omega_L/\omega}{\sqrt{1+(\omega_L/\omega)^2}} e^{-t/\tau} \right) u(t) \quad (1.1.32)$$

正弦响应表达式前项为稳态响应,后项为瞬态响应.当输入激励持续时间足够长($t > 5\tau$),正弦响应的瞬态部分衰减至足够小时,系统输出为正弦稳态响应:

$$v_o(t) \approx \frac{1}{\sqrt{1+(\omega_L/\omega)^2}} \sin\left(\omega \cdot t + \arctan\frac{\omega_L}{\omega}\right) \quad (1.1.33)$$

$$= |H(j \cdot \omega)| \cdot \sin(\omega \cdot t + \varphi(j \cdot \omega))$$

在高通系统通频带外,输入正弦波信号频率远小于系统的下截止频率,即 $f \ll f_L$,由式(1.1.32)可知,当 $\omega \ll \omega_L$ 时,瞬态响应在幅度数量级上与稳态响应相当.但是输入信号一个周期时间足够长,即 $1/f \gg 5\tau$,所以通频带外高通系统瞬态响应不显著.

在高通系统通频带内,输入正弦波信号频率远大于系统的下截止频率,即 $f \gg f_L$,输入信号一个周期时间较短,即 $1/f \ll 5\tau$.但是,由式(1.1.32)可知,当 $\omega \gg \omega_L$ 时,瞬态响应在幅度数量级上远小于稳态响应,所以通频带内高通系统瞬态响应也不显著.

1.1.2.3 二阶低通系统

二阶 RLC 低通电路如图 1-1-6 所示.

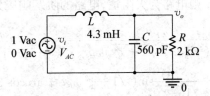

图 1-1-6 二阶 RLC 低通电路

一、系统传递函数

二阶低通系统传递函数 $H(s)$ 的一般形式为

$$H(s) = \frac{v_o(s)}{v_i(s)} = \frac{\omega_H^2}{s^2 + 2\zeta \cdot \omega_H s + \omega_H^2} \tag{1.1.34}$$

ω_H 为电路的上截止角频率,ζ 为二阶电路的阻尼系数.

图 1-1-6 所示的二阶 RLC 低通电路上截止频率、阻尼系数为

$$\omega_H^2 = \frac{1}{L \cdot C} \tag{1.1.35}$$

$$f_H = \frac{1}{2\pi \sqrt{L \cdot C}} \tag{1.1.36}$$

$$\zeta = \frac{1}{2R}\sqrt{\frac{L}{C}} \tag{1.1.37}$$

由式(1.1.36)、式(1.1.37)可知,电路的上截止频率 f_H 由 L,C 决定;在不改变上截止频率 f_H 的情况下,调整 R 即可改变阻尼系数 ζ.如电阻 R 开路,则 $\zeta = 0$,否则 $\zeta > 0$.

二、系统阶跃响应

二阶低通电路的阶跃响应表示为

$$v_o(t) \leftrightarrow H(s) \cdot v_i(s) = \frac{\omega_H^2}{s^2 + 2\zeta \cdot \omega_H s + \omega_H^2} \cdot \frac{1}{s} \tag{1.1.38}$$

(1) 若 $\zeta = 0$,则电路为无阻尼,电路的阶跃响应为

$$v_o(t) \leftrightarrow \frac{\omega_H^2}{s^2 + \omega_H^2} \cdot \frac{1}{s} \leftrightarrow (1 - \cos(\omega_H t)) \cdot u(t) \tag{1.1.39}$$

电路的阶跃响应输出始终处于正弦振荡状态,终值无法稳定在输入值 1 上,如图 1-1-7 所示.因此无阻尼二阶电路不能稳定地工作.

(2) 若 $0 < \zeta < 1$,则电路为欠阻尼,电路的阶跃响应为

$$v_o(t) \leftrightarrow \frac{\omega_H}{s - (-\zeta + j\sqrt{1-\zeta^2})\omega_H} \cdot \frac{\omega_H}{s - (-\zeta - j\sqrt{1-\zeta^2})\omega_H} \cdot \frac{1}{s}$$

$$\leftrightarrow \left(1 - \frac{e^{-\zeta \cdot \omega_H t}}{\sqrt{1-\zeta^2}} \sin(\sqrt{1-\zeta^2}\omega_H t + \arccos \zeta)\right) u(t) \tag{1.1.40}$$

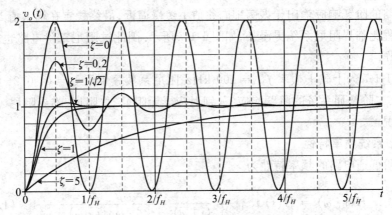

图 1-1-7 二阶低通电路的阶跃响应

电路的阶跃响应输出经过正弦衰减振荡,向终值 1 逼近,最终稳定在输入值 1 上,如图 1-1-7 所示.因此欠阻尼二阶电路能够稳定地工作,二阶系统大多采用欠阻尼方式.

特别当 $\zeta = 1/\sqrt{2}$ 时,阶跃响应向终值 1 逼近过程最短,其阶跃响应为

$$v_o(t) = \left(1 - \sqrt{2} \cdot e^{-\frac{\omega_H}{\sqrt{2}}t} \cdot \sin\left(\frac{\omega_H}{\sqrt{2}}t + \frac{\pi}{4}\right)\right) u(t) \tag{1.1.41}$$

(3) 若 $\zeta = 1$,则电路为临界阻尼,电路的阶跃响应为

$$v_o(t) \leftrightarrow \frac{\omega_H^2}{(s+\omega_H)^2} \cdot \frac{1}{s} \leftrightarrow (1 - (1+\omega_H t)e^{-\omega_H t}) \cdot u(t) \tag{1.1.42}$$

电路的阶跃响应输出无振荡地向终值 1 逼近,最终稳定在输入值 1 上,但逼近速度比欠阻尼系统缓慢,如图 1-1-7 所示.因此临界阻尼二阶电路也能够稳定地工作.

(4) 若 $\zeta > 1$,则电路为过阻尼,电路的阶跃响应为

$$\begin{aligned}
v_o(t) &\leftrightarrow \frac{\omega_H}{s+(\zeta-\sqrt{\zeta^2-1})\omega_H} \cdot \frac{\omega_H}{s+(\zeta+\sqrt{\zeta^2-1})\omega_H} \cdot \frac{1}{s} \\
&\leftrightarrow \left[1 - \left(\frac{\zeta+\sqrt{\zeta^2-1}}{2\sqrt{\zeta^2-1}} \cdot e^{-(\zeta-\sqrt{\zeta^2-1})\cdot\omega_H t} - \frac{\zeta-\sqrt{\zeta^2-1}}{2\sqrt{\zeta^2-1}} \right.\right. \\
&\quad \left.\left. \cdot e^{-(\zeta+\sqrt{\zeta^2-1})\cdot\omega_H t}\right)\right] \cdot u(t)
\end{aligned}$$

(1.1.43)

电路的阶跃响应输出无振荡地向终值 1 缓慢逼近,最终稳定在输入值 1 上,但逼近过程比临界阻尼系统更漫长,如图 1-1-7 所示.因此过阻尼二阶电路也能够稳定地工作.

图 1-1-7 为上截止频率 $f_H = 100 \text{ kHz}$、阻尼系数分别于 $\zeta = 0, 0.2, 0.707, 1, 5$ 时,二阶低通系统的阶跃响应,分别对应于无阻尼、欠阻尼、临界阻尼、过阻尼几种情况.

三、系统频率特性

二阶低通电路的频率特性为

$$H(j \cdot \omega) = H(s)|_{s=j\cdot\omega} = \frac{\omega_H^2}{(j \cdot \omega)^2 + 2\zeta \cdot \omega_H(j \cdot \omega) + \omega_H^2} \quad (1.1.44)$$

二阶低通电路的幅度频率特性为

$$|H(j \cdot \omega)| = \sqrt{H(j \cdot \omega) \cdot H(-j \cdot \omega)} = \frac{1}{\sqrt{1 + (4\zeta^2 - 2)(\omega/\omega_H)^2 + (\omega/\omega_H)^4}} \quad (1.1.45)$$

二阶低通电路的相位频率特性为

$$\varphi(j \cdot \omega) = \arctan \frac{\text{Im}(H(j \cdot \omega))}{\text{Re}(H(j \cdot \omega))} = -\arctan \frac{2\zeta \cdot \omega_H \omega}{\omega_H^2 - \omega^2} \quad (1.1.46)$$

图 1-1-8 为二阶低通电路的频率特性示意图.二阶低通电路的幅度频率特性表明,当电路为过阻尼($\zeta > 1$)时,幅度频率特性的过渡带最长;当电路为临界阻尼($\zeta = 1$)时,幅度频率特性的过渡带也较长;当电路为欠阻尼($\zeta < 1$)时,幅度频率特性的过渡带最短,但 ζ 过小(如 $\zeta = 0.5$)使通频带产生过冲;只有当 $\zeta = 1/\sqrt{2}$ 时,幅度频率特性的过渡带较短且通频带最平坦,为最大平坦二阶低通系统,或二阶 Butterworth 低通滤波器.

二阶低通电路的相位频率特性表明,输入信号频率 f 接近 0 时,输出信号相位相对于输入信号接近 0°;当输入信号频率 f 等于上截止频率 f_H 时,输出信号相位落后于输入信号 90°;当输入信号频率 f 远高于高频截止频率 f_H 时,输出信号相位落后于输入信号 180°.

最大平坦二阶低通电路的幅度频率特性为

$$H(j \cdot \omega) = \frac{\omega_H^2}{(j \cdot \omega)^2 + \sqrt{2}\omega_H(j \cdot \omega) + \omega_H^2} \quad (1.1.47)$$

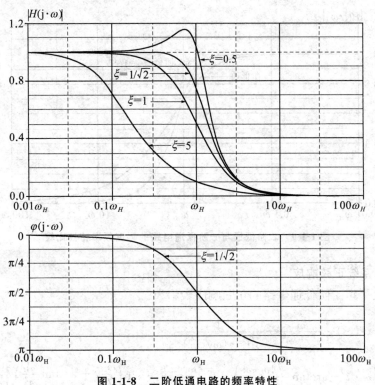

图 1-1-8 二阶低通电路的频率特性

最大平坦二阶低通电路的幅度频率特性为

$$|H(j \cdot \omega)| = \sqrt{H(j \cdot \omega) \cdot H(-j \cdot \omega)} = \frac{1}{\sqrt{1+(\omega/\omega_H)^4}} \quad (1.1.48)$$

最大平坦二阶低通电路的相位频率特性为

$$\varphi(j \cdot \omega) = \arctan\frac{\mathrm{Im}(H(j \cdot \omega))}{\mathrm{Re}(H(j \cdot \omega))} = -\arctan\frac{\sqrt{2}\,\omega_H\omega}{\omega_H^2 - \omega^2} \quad (1.1.49)$$

由最大平坦二阶低通电路的幅度频率特性可知，当 $\omega = \omega_H$ 时，输出信号幅度为低频信号幅度的 $1/\sqrt{2}$ 倍。图 1-1-9 为最大平坦二阶低通与一阶低通电路的幅度频率特性比较。二阶系统的过渡带比一阶低通陡峭，二阶低通系统阻带衰减斜率为 $-40\,\mathrm{dB}/10f_H$，一阶低通阻带衰减斜率仅为 $-20\,\mathrm{dB}/10f_H$，因而二阶低通的阻带衰减更显著。

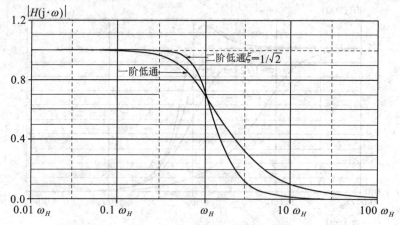

图 1-1-9 二阶低通与一阶低通电路的幅度频率特性比较

四、系统正弦响应

最大平坦二阶低通电路的正弦响应表示为

$$v_o(t) \leftrightarrow H(s) \cdot \frac{\omega}{s^2 + \omega^2} \leftrightarrow \frac{1}{\sqrt{1+(\omega/\omega_H)^4}} \cdot$$

$$\cdot \left[\sin\left(\omega \cdot t - \arctan\frac{\sqrt{2}\,\omega_H \omega}{\omega_H^2 - \omega^2}\right) + \sqrt{2}\,\frac{\omega}{\omega_H} e^{-\frac{\omega_H}{\sqrt{2}}t} \cdot \sin\left(\frac{\omega_H}{\sqrt{2}}t + \arctan\frac{\omega_H^2}{\omega^2}\right) \right] \cdot u(t)$$

(1.1.50)

正弦响应表达式前项为稳态响应,正弦响应表达式后项为瞬态响应.当输入激励持续时间足够长,正弦响应的瞬态部分衰减至足够小时,系统输出为正弦稳态响应

$$v_o(t) \approx |H(j \cdot \omega)| \cdot \sin(\omega \cdot t + \varphi(j \cdot \omega))$$
$$= \frac{1}{\sqrt{1+(\omega/\omega_H)^4}} \sin\left(\omega \cdot t - \arctan\frac{\sqrt{2}\,\omega_H \omega}{\omega_H^2 - \omega^2}\right)$$

(1.1.51)

在低通系统通频带内,输入正弦波信号频率远小于系统的上截止频率,即 $f \ll f_H$,由式(1.1.50)可知,当 $\omega \ll \omega_H$ 时,瞬态响应在幅度数量级上远小于稳态响应.并且输入信号一个周期时间足够长,即 $1/f \gg 7\tau$,所以通频带内瞬态响应不显著.

在低通系统通频带外,输入正弦波信号频率远大于系统的上截止频率,即 $f \gg f_H$,输入信号一个周期时间较短,即 $1/f \ll 7\tau$.而且,由式(1.1.50)可知,当

第1篇　模拟电子学基础实验

$\omega \gg \omega_H$ 时,瞬态响应在幅度上具备与稳态响应相当的数量级,所以通频带外瞬态响应比较显著。

1.1.2.4 二阶高通系统

二阶 RLC 高通电路如图 1-1-10 所示。

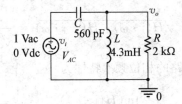

图 1-1-10　二阶 RLC 高通电路

一、系统传递函数

二阶高通系统传递函数 $H(s)$ 的一般形式为

$$H(s) = \frac{v_o(s)}{v_i(s)} = \frac{s^2}{s^2 + 2\zeta \cdot \omega_L s + \omega_L^2} \qquad (1.1.52)$$

ω_L 为电路的下截止角频率,ζ 为二阶电路的阻尼系数。

图 1-1-10 所示的二阶 RLC 高通电路下截止频率、阻尼系数为

$$\omega_L^2 = \frac{1}{L \cdot C} \qquad (1.1.53)$$

$$f_L = \frac{1}{2\pi \sqrt{L \cdot C}} \qquad (1.1.54)$$

$$\zeta = \frac{1}{2R}\sqrt{\frac{L}{C}} \qquad (1.1.55)$$

由式(1.1.54)、式(1.1.55)可知,电路的下截止频率 f_L 由 L,C 决定;在不改变下截止频率 f_L 的情况下,调整 R 即可改变阻尼系数 ζ。若电阻 R 开路,则 $\zeta = 0$,否则 $\zeta > 0$。

最大平坦二阶高通系统 ($\zeta = 1/\sqrt{2}$) 传递函数 $H(s)$ 的一般形式为

$$H(s) = \frac{v_o(s)}{v_i(s)} = \frac{s^2}{s^2 + \sqrt{2} \cdot \omega_L s + \omega_L^2} \qquad (1.1.56)$$

二、系统频率特性

最大平坦二阶高通电路的频率特性为

$$H(\mathrm{j} \cdot \omega) = H(s)\big|_{s=\mathrm{j}\cdot\omega} = \frac{(\mathrm{j}\cdot\omega)^2}{(\mathrm{j}\cdot\omega)^2 + \sqrt{2}\cdot\omega_L(\mathrm{j}\cdot\omega) + \omega_L^2} \quad (1.1.57)$$

最大平坦二阶高通电路的幅度频率特性为

$$|H(\mathrm{j}\cdot\omega)| = \sqrt{H(\mathrm{j}\cdot\omega)\cdot H(-\mathrm{j}\cdot\omega)} = \frac{1}{\sqrt{1+(\omega_L/\omega)^4}} \quad (1.1.58)$$

最大平坦二阶高通电路的相位频率特性为

$$\varphi(\mathrm{j}\cdot\omega) = \arctan\frac{\mathrm{Im}(H(\mathrm{j}\cdot\omega))}{\mathrm{Re}(H(\mathrm{j}\cdot\omega))} = \arctan\frac{\sqrt{2}\cdot\omega_L\omega}{\omega^2 - \omega_L^2} \quad (1.1.59)$$

图 1-1-11(b)和(c)为最大平坦二阶高通电路的频率特性示意图。与二阶低通电路类似，当电路为过阻尼($\zeta > 1$)时，幅度频率特性的过渡带最长；当电路为临界阻尼($\zeta = 1$)时，幅度频率特性的过渡带也较长；当电路为欠阻尼($\zeta < 1$)时，幅度频率特性的过渡带最短，但ζ过小使通频带产生过冲；只有当$\zeta = 1/\sqrt{2}$时，幅度频率特性的过渡带较短且通频带最平坦，为最大平坦二阶高通系统，或二阶 Butterworth 高通滤波器。

二阶高通电路的相位频率特性表明，当输入信号频率f远高于下截止频率f_L时，输出信号相位相对于输入信号接近 0°；当输入信号频率f等于下截止频率f_L时，输出信号相位超前于输入信号 90°；输入信号频率f接近 0 时，输出信号相位超前于输入信号 180°。

三、系统阶跃响应

二阶欠阻尼（$\zeta < 1$）高通电路的阶跃响应表示为

$$\begin{aligned} v_o(t) &\leftrightarrow H(s)\cdot v_i(s) = \frac{s^2}{s^2 + 2\zeta\cdot\omega_L s + \omega_L^2}\cdot\frac{1}{s} \\ &\leftrightarrow \frac{\mathrm{e}^{-\zeta\cdot\omega_L t}}{\sqrt{1-\zeta^2}}\cos(\sqrt{1-\zeta^2}\,\omega_L t + \arcsin\zeta)\cdot u(t) \end{aligned} \quad (1.1.60)$$

最大平坦（$\zeta = 1/\sqrt{2}$）二阶高通系统的阶跃响应表示为

$$v_o(t) \leftrightarrow \sqrt{2}\cdot\mathrm{e}^{-\frac{\omega_L}{\sqrt{2}}t}\cos\left(\frac{\omega_L}{\sqrt{2}}t + \frac{\pi}{4}\right)\cdot u(t) \quad (1.1.61)$$

如图 1-1-11(a)所示，当$t = 1/f_L$时，电路的输出能够由初值 1 衰减 98.3%，与一阶电路($0.8/f_L$)相当.

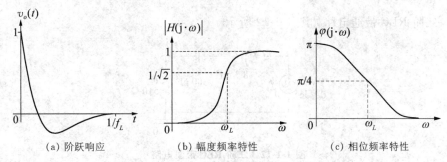

(a) 阶跃响应　　(b) 幅度频率特性　　(c) 相位频率特性

图 1-1-11　最大平坦二阶高通电路特性

四、系统正弦响应

最大平坦二阶高通电路的正弦响应表示为

$$v_o(t) \leftrightarrow H(s) \cdot \frac{\omega}{s^2 + \omega^2} \leftrightarrow \frac{1}{\sqrt{1 + (\omega_L/\omega)^4}} \cdot$$

$$\left[\sin\left(\omega \cdot t + \arctan\frac{\sqrt{2}\,\omega_L \omega}{\omega^2 - \omega_L^2}\right) + \sqrt{2}\,\frac{\omega_c}{\omega} e^{-\frac{\omega_L t}{\sqrt{2}}} \cdot \sin\left(\frac{\omega_L t}{\sqrt{2}} - \arctan\frac{\omega^2}{\omega_L^2}\right) \right] u(t)$$

(1.1.62)

正弦响应表达式前项为稳态响应,正弦响应表达式后项为瞬态响应.当输入激励持续时间足够长,正弦响应的瞬态部分衰减至足够小时,系统输出为正弦稳态响应:

$$v_o(t) \approx |H(\mathrm{j} \cdot \omega)| \cdot \sin(\omega \cdot t + \varphi(\mathrm{j} \cdot \omega))$$

$$= \frac{1}{\sqrt{1 + (\omega_L/\omega)^4}} \sin\left(\omega \cdot t + \arctan\frac{\sqrt{2}\,\omega_L \omega}{\omega^2 - \omega_L^2}\right)$$

(1.1.63)

在高通系统通频带内,输入正弦波信号频率远大于系统的下截止频率,即 $f \gg f_L$,输入信号一个周期时间较短,即 $1/f \ll 7\tau$.但是由式(1.1.62)可知,当 $\omega \gg \omega_L$ 时,瞬态响应在幅度数量级上远小于稳态响应,所以通频带内瞬态响应不显著.

在高通系统通频带外,输入正弦波信号频率远小于系统的下截止频率,即 $f \ll f_L$,由式(1.1.62)可知,当 $\omega \ll \omega_L$ 时,瞬态响应在幅度上具备与稳态响应相当的数量级.但是输入信号一个周期时间足够长,即 $1/f \gg 5\tau$,所以通频带外瞬态响应也不显著.

1.1.2.5 二阶带通系统

二阶 RLC 带通电路如图 1-1-12 所示.

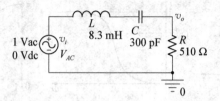

图 1-1-12 二阶 RLC 带通电路

一、系统传递函数

二阶带通系统传递函数 $H(s)$ 的一般形式为

$$H(s) = \frac{v_o(s)}{v_i(s)} = \frac{2\alpha \cdot s}{s^2 + 2\alpha \cdot s + \omega_o^2} \qquad (1.1.64)$$

ω_o 为电路的中心角频率，2α 为电路的角频率带宽.通常 $\omega_o \gg 2\alpha$.

图 1-1-12 所示的二阶 RLC 带通电路中心频率、角频率半带宽为

$$\omega_o^2 = \frac{1}{L \cdot C} \qquad (1.1.65)$$

$$\alpha = \frac{R}{2L} \qquad (1.1.66)$$

电路的中心频率 f_o 及电路的带宽 B 为

$$f_o = \frac{\omega_o}{2\pi} = \frac{1}{2\pi \sqrt{L \cdot C}} \qquad (1.1.67)$$

$$B = \frac{2\alpha}{2\pi} = \frac{R}{2\pi \cdot L} \qquad (1.1.68)$$

电路的品质因数 Q 为

$$Q = \frac{f_o}{B} = \frac{1}{R}\sqrt{\frac{L}{C}} \qquad (1.1.69)$$

由式(1.1.67)、式(1.1.68)、式(1.1.69)可知，电路的中心频率 f_o 由 L，C 决定；在不改变中心频率 f_o 的情况下，调整 R 即可改变带宽 B，或品质因数 Q.

二、系统频率特性

二阶带通电路的频率特性为

$$H(j \cdot \omega) = H(s)|_{s=j \cdot \omega} = \frac{2\alpha \cdot (j \cdot \omega)}{(j \cdot \omega)^2 + 2\alpha \cdot (j \cdot \omega) + \omega_o^2} \quad (1.1.70)$$

二阶带通电路的幅度频率特性为

$$|H(j \cdot \omega)| = \sqrt{H(j \cdot \omega) \cdot H(-j \cdot \omega)} = \frac{1}{\sqrt{1 + \left(\frac{\omega^2 - \omega_o^2}{2\alpha \cdot \omega}\right)^2}} \quad (1.1.71)$$

二阶带通电路的相位频率特性为

$$\varphi(j \cdot \omega) = \arctan \frac{\mathrm{Im}(H(j \cdot \omega))}{\mathrm{Re}(H(j \cdot \omega))} = \arctan \frac{\omega_o^2 - \omega^2}{2\alpha \cdot \omega} \quad (1.1.72)$$

由式(1.1.71)可求得使输出幅度为 $1/\sqrt{2}$ 时带通电路的上截止频率 f_H 与下截止频率 f_L：

$$f_H = \frac{1}{2\pi}(\sqrt{\omega_o^2 + \alpha^2} + \alpha) \quad (1.1.73)$$

$$f_L = \frac{1}{2\pi}(\sqrt{\omega_o^2 + \alpha^2} - \alpha) \quad (1.1.74)$$

图 1-1-13(b)和(c)为二阶带通电路的频率特性示意图. 当输入信号频率 f 等于电路的中心频率 f_o 时,输出信号幅度为 1(最大),相位相对于输入信号 0°;当输入信号频率 f 远低于电路的中心频率 f_o 时,输出信号幅度衰减为 0,相位超前于输入信号 90°;当输入信号频率 f 远高于电路的中心频率 f_o 时,输出信号幅度也衰减为 0,相位落后于输入信号 90°;当输入信号频率 f 等于下截止频率 f_L 或上截止频率 f_H 时,输出信号幅度衰减为 0.707,相位超前或落后于输入信号 45°,呈现带通特性.

带通电路频率特性曲线的尖锐程度可以由电路品质因数 Q 来定量表示. 由式(1.1.69)可知,若中心频率不变,Q 越大则带通电路带宽 B 越窄,频率特性曲线越尖锐.

三、系统阶跃响应

二阶带通电路的阶跃响应表示为

$$v_o(t) \leftrightarrow H(s) \cdot v_i(s) = \frac{2\alpha \cdot s}{s^2 + 2\alpha \cdot s + \omega_o^2} \cdot \frac{1}{s} \quad (1.1.75)$$

$$\leftrightarrow \frac{2\alpha}{\sqrt{\omega_o^2 - \alpha^2}} e^{-\alpha \cdot t} \cdot \sin(\sqrt{\omega_o^2 - \alpha^2} \cdot t) \cdot u(t)$$

在通常情况下，$\omega_o \gg 2\alpha$，式(1.1.75)可以近似为

$$v_o(t) \approx \frac{2\alpha}{\omega_o} e^{-\alpha \cdot t} \cdot \sin(\omega_o t) \cdot u(t) \tag{1.1.76}$$

如图 1-1-13(a)所示，当 $t = 5/\alpha$ 时，电路的输出能够由初值衰减 99.3%。阶跃响应的衰减速度与电路的品质因数 Q 有关。

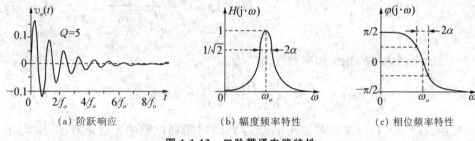

(a) 阶跃响应　　(b) 幅度频率特性　　(c) 相位频率特性

图 1-1-13　二阶带通电路特性

四、系统正弦响应

二阶带通电路的正弦响应表示为

$$v_o(t) \leftrightarrow H(s) \cdot \frac{\omega}{s^2 + \omega^2} \leftrightarrow \frac{1}{\sqrt{1 + \left(\frac{\omega^2 - \omega_o^2}{2\alpha \cdot \omega}\right)^2}} \cdot \left[\sin\left(\omega \cdot t + \arctan \frac{\omega_o^2 - \omega^2}{2\alpha \cdot \omega}\right) + \right.$$

$$\left. -\frac{\omega_o \cdot e^{-\alpha \cdot t}}{\sqrt{\omega_o^2 - \alpha^2}} \cdot \sin\left(\sqrt{\omega_o^2 - \alpha^2} \cdot t + \arctan \frac{\sqrt{\omega_o^2 - \alpha^2}(\omega_o^2 - \omega^2)}{\alpha \cdot (\omega_o^2 + \omega^2)}\right) \right] \cdot u(t)$$

$$\tag{1.1.77}$$

正弦响应表达式前项为稳态响应，后项为瞬态响应。当输入激励持续时间足够长 ($t > 5/\alpha$)，正弦响应的瞬态部分衰减至足够小(0.7%)时，系统输出为正弦稳态响应：

$$v_o(t) \approx |H(j \cdot \omega)| \cdot \sin(\omega \cdot t + \varphi(j \cdot \omega))$$

$$= \frac{1}{\sqrt{1 + \left(\frac{\omega^2 - \omega_o^2}{2\alpha \cdot \omega}\right)^2}} \sin\left(\omega \cdot t + \arctan \frac{\omega_o^2 - \omega^2}{2\alpha \cdot \omega}\right) \tag{1.1.78}$$

由式(1.1.76)可知，在通频带内外，瞬态响应在幅度数量级上与稳态响应相当。在带通系统通频带内，以及通频带外的 $f > f_o$ 频段，输入信号一个周期时间较短，即 $1/f \ll 5/\alpha$ 所以瞬态响应非常显著。而在通频带外的 $f \ll f_o$ 频段，输入信号一

个周期时间足够长, 即 $1/f \gg 5/\alpha$, 所以从输入信号第二周期起, 瞬态响应不显著.

在通常情况下, $\omega_o \gg 2\alpha$, 式(1.1.77)可以近似为

$$v_o(t) \approx \frac{1}{\sqrt{1 + \left(\frac{\omega^2 - \omega_o^2}{2\alpha \cdot \omega}\right)^2}} \cdot \left[\sin\left(\omega \cdot t + \arctan\frac{\omega_o^2 - \omega^2}{2\alpha \cdot \omega}\right)\right.$$
$$\left. - e^{-\alpha \cdot t} \cdot \sin\left(\omega_o t + \arctan\frac{\omega_o \cdot (\omega_o^2 - \omega^2)}{\alpha \cdot (\omega_o^2 + \omega^2)}\right)\right] \cdot u(t) \quad (1.1.79)$$

当输入信号频率集中在带通系统通频带内 ($f \approx f_o$), 由式(1.1.79)得系统输出为

$$v_o(t) \approx (-e^{-\alpha \cdot t} + 1) \cdot \sin(\omega_o \cdot t) \cdot u(t) \quad (1.1.80)$$

图 1-1-14 为输入信号频率为带通系统中心频率 f_o 时的正弦瞬态响应示意图. 当 $t > 5/\alpha$ 时, 瞬态响应能够由初值衰减 99.3%. 瞬态响应的衰减速度与电路的品质因数 Q 有关.

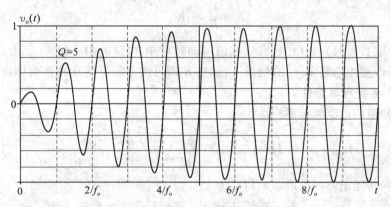

图 1-1-14　输入信号频率为带通系统中心频率 f_o 时的正弦瞬态响应

1.1.2.6　二阶带阻系统

二阶 RLC 带阻电路如图 1-1-15 所示.

一、系统传递函数 $H(s)$

二阶带阻系统传递函数 $H(s)$ 的一般形式为

$$H(s) = \frac{v_o(s)}{v_i(s)} = \frac{s^2 + \omega_o^2}{s^2 + 2\alpha \cdot s + \omega_o^2}$$

$$(1.1.81)$$

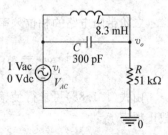

图 1-1-15　二阶 RLC 带阻电路

ω_o 为电路的中心角频率,2α 为电路的角频率阻带宽。通常 $\omega_o \gg 2\alpha$。

图 1-1-15 所示的二阶 RLC 带阻电路中心角频率、角频率阻带半宽为

$$\omega_o^2 = \frac{1}{L \cdot C} \tag{1.1.82}$$

$$\alpha = \frac{1}{2R \cdot C} \tag{1.1.83}$$

电路的中心频率 f_o 及电路的阻带宽 B 为

$$f_o = \frac{\omega_o}{2\pi} = \frac{1}{2\pi\sqrt{L \cdot C}} \tag{1.1.84}$$

$$B = \frac{2\alpha}{2\pi} = \frac{1}{2\pi \cdot R \cdot C} \tag{1.1.85}$$

电路的品质因数 Q 为

$$Q = \frac{f_o}{B} = R\sqrt{\frac{C}{L}} \tag{1.1.86}$$

由式(1.1.84)、式(1.1.85)、式(1.1.86)可知,电路的中心频率 f_o 由 L,C 决定;在不改变中心频率 f_o 的情况下,调整 R 即可改变阻带宽 B 或品质因数 Q。

二、系统频率特性

二阶带阻电路的频率特性为

$$H(j \cdot \omega) = H(s)|_{s=j \cdot \omega} = \frac{(j \cdot \omega)^2 + \omega_o^2}{(j \cdot \omega)^2 + 2\alpha \cdot (j \cdot \omega) + \omega_o^2} \tag{1.1.87}$$

二阶带阻电路的幅度频率特性为

$$|H(j \cdot \omega)| = \sqrt{H(j \cdot \omega) \cdot H(-j \cdot \omega)} = \frac{1}{\sqrt{1 + \left(\frac{2\alpha \cdot \omega}{\omega^2 - \omega_o^2}\right)^2}} \tag{1.1.88}$$

二阶带阻电路的相位频率特性为

$$\varphi(j \cdot \omega) = \arctan\frac{\text{Im}(H(j \cdot \omega))}{\text{Re}(H(j \cdot \omega))} = \arctan\frac{2\alpha \cdot \omega}{\omega^2 - \omega_o^2} \tag{1.1.89}$$

由式(1.1.88)可求得使输出幅度为 $1/\sqrt{2}$ 时带阻电路的上截止频率 f_H 与下截止频率 f_L:

$$f_H = \frac{1}{2\pi}(\sqrt{\omega_o^2 + \alpha^2} + \alpha) \tag{1.1.90}$$

$$f_L = \frac{1}{2\pi}(\sqrt{\omega_o^2 + \alpha^2} - \alpha) \tag{1.1.91}$$

图 1-1-16(b)和(c)为二阶带阻电路的频率特性示意图. 当输入信号频率 f 等于电路的中心频率 f_o 时,输出信号幅度衰减为 0(最小),相对于输入信号相位为 $\pm 90°$;当输入信号频率 f 远低于电路的中心频率 f_o 时,输出信号幅度为 1,相对于输入信号相位逼近于 $0°$;当输入信号频率 f 远高于电路的中心频率 f_o 时,输出信号幅度也为 1,相对于输入信号相位也逼近于 $0°$;当输入信号频率 f 等于下截止频率 f_L 或上截止频率 f_H 时,输出信号幅度衰减为 $1/\sqrt{2}$,相位落后或超前于输入信号 $45°$,呈现带阻特性.

带阻电路频率特性曲线的尖锐程度可以由电路品质因数 Q 来定量表示. 若中心频率不变,Q 越大则带阻电路阻带宽 B 越窄,频率特性曲线越尖锐.

三、系统阶跃响应

二阶带阻电路的阶跃响应表示为

$$\begin{aligned} v_o(t) &\leftrightarrow H(s) \cdot \frac{1}{s} = \frac{s^2 + \omega_o^2}{s^2 + 2\alpha \cdot s + \omega_o^2} \cdot \frac{1}{s} \\ &\leftrightarrow \left[1 - \frac{2\alpha}{\sqrt{\omega_o^2 - \alpha^2}} e^{-\alpha \cdot t} \cdot \sin(\sqrt{\omega_o^2 - \alpha^2} \cdot t)\right] \cdot u(t) \end{aligned} \tag{1.1.92}$$

在通常情况下,$\omega_o \gg 2\alpha$,式(1.1.92)可以近似为

$$v_o(t) \approx \left(1 - \frac{2\alpha}{\omega_o} e^{-\alpha \cdot t} \cdot \sin(\omega_o t)\right) \cdot u(t) \tag{1.1.93}$$

如图 1-1-16(a)所示,当 $t = 5/\alpha$ 时,电路的输出能够达到终值的 99.3%. 阶跃响应达到稳定的时间与电路的品质因数 Q 有关.

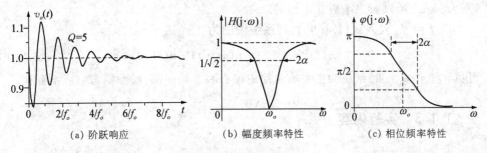

(a) 阶跃响应　　　　(b) 幅度频率特性　　　　(c) 相位频率特性

图 1-1-16　二阶带阻电路特性

四、系统正弦响应

二阶带阻电路的正弦响应表示为

$$v_o(t) \leftrightarrow H(s) \cdot \frac{\omega}{s^2+\omega^2} \leftrightarrow \frac{1}{\sqrt{1+\left(\frac{2\alpha \cdot \omega}{\omega^2-\omega_o^2}\right)^2}} \cdot \left[\sin\left(\omega \cdot t + \arctan\frac{2\alpha \cdot \omega}{\omega^2-\omega_o^2}\right) + \right.$$

$$\left. + \frac{2\alpha \cdot \omega}{\omega^2-\omega_o^2} \cdot \frac{\omega_o \cdot e^{-\alpha \cdot t}}{\sqrt{\omega_o^2-\alpha^2}} \cdot \sin\left(\sqrt{\omega_o^2-\alpha^2} \cdot t + \arctan\frac{\sqrt{\omega_o^2-\alpha^2}(\omega_o^2-\omega^2)}{\alpha \cdot (\omega_o^2+\omega^2)}\right)\right] \cdot u(t)$$

(1.1.94)

正弦响应表达式前项为稳态响应,后项为瞬态响应.当输入激励持续时间足够长$(t>5/\alpha)$,正弦响应的瞬态部分衰减至足够小(0.7%)时,系统输出为正弦稳态响应:

$$v_o(t) \approx |H(j \cdot \omega)| \cdot \sin(\omega \cdot t + \varphi(j \cdot \omega))$$

$$= \frac{1}{\sqrt{1+\left(\frac{2\alpha \cdot \omega}{\omega^2-\omega_o^2}\right)^2}} \sin\left(\omega \cdot t + \arctan\frac{2\alpha \cdot \omega}{\omega^2-\omega_o^2}\right) \quad (1.1.95)$$

在通常情况下,$\omega_o \gg 2\alpha$,式(1.1.94)可以近似为

$$v_o(t) \approx \frac{1}{\sqrt{1+\left(\frac{2\alpha \cdot \omega}{\omega^2-\omega_o^2}\right)^2}} \cdot \left[\sin\left(\omega \cdot t + \arctan\frac{2\alpha \cdot \omega}{\omega^2-\omega_o^2}\right) + \right.$$

$$\left. + \frac{2\alpha \cdot \omega}{\omega^2-\omega_o^2} \cdot e^{-\alpha \cdot t} \cdot \sin\left(\omega_o t + \arctan\frac{\omega_o \cdot (\omega_o^2-\omega^2)}{\alpha \cdot (\omega_o^2+\omega^2)}\right)\right] \cdot u(t)$$

(1.1.96)

由式(1.1.96)可知,在阻带外,即$f>2f_o$及$f<f_o/2$频段,瞬态响应在幅度数量级上比稳态响应小得多,瞬态响应不显著.在阻带内,即$f_L<f<f_H$频段,瞬态响应在幅度数量级上比稳态响应大得多,并且输入信号一个周期时间较短,即$1/f \ll 5/\alpha$,所以瞬态响应非常显著.

以$f \approx f_o$代入式(1.1.96),则系统输出为

$$v_o(t) \approx e^{-\alpha \cdot t} \cdot \sin(\omega_o \cdot t) \cdot u(t) \quad (1.1.97)$$

可见,当$f \approx f_o$时系统的正弦响应输出仅有瞬态响应部分,而稳态响应不存在.

1.1.3 实验内容

对一阶低通电路(图1-1-1)、一阶高通电路(图1-1-4),以及二阶低通(图1-1-6)

和高通(图 1-1-10)、带通(图 1-1-12)和带阻电路(图 1-1-15)进行阶跃响应、正弦响应、频率特性仿真分析.

1.1.3.1 一阶低通和高通电路仿真分析

1. 一阶 RC 低通电路(图 1-1-1(a))的阶跃响应

信号源为 1 V 电压峰峰值、30 μs 周期的方波(V_{PULSE}).采用瞬态仿真分析方法.

测量电路输出电压终值、电路的时间常数 τ、时间持续 5τ 时电路输出电压值与电压终值的比值.并将上述测量值与理论公式进行比较.

2. 一阶 RC 高通电路(图 1-1-4(a))的阶跃响应*

信号源为 1 V 电压峰峰值、30 μs 周期的方波(V_{PULSE}).采用瞬态仿真分析方法.

测量电路输出初值、电压终值、电路的时间常数 τ、时间持续 5τ 时电路输出电压值与电压初值的比值.并将上述测量值与理论公式进行比较.

3. 一阶 RL 低通(图 1-1-1(b))和高通*(图 1-1-4(b))电路的正弦响应

信号源为 1 V 电压峰值的正弦波(V_{SIN}),频率取为 10 kHz～1 MHz.采用瞬态仿真分析方法.

计算电路的时间常数 τ,5τ 理论值.当 $t > 5\tau$ 时,测量低通电路分别在 $0.1f_H$,f_H,$10f_H$ 和高通电路分别在 $0.1f_L$,f_L,$10f_L$ 信号频率下的输出稳态响应电压峰值与相位值,定性观察正弦响应瞬态现象.并将上述稳态响应电压峰值与相位值的测量值与理论值进行比较.

1.1.3.2 二阶低通和高通电路仿真分析

1. 二阶 RLC 低通电路(图 1-1-6)的频率特性

信号源为 1 V 电压峰值的扫频电压源(V_{AC}).采用交流仿真分析方法.

计算电路的阻尼系数 ζ 理论值.测量电路的 f_H,以及在 $0.1f_H$,$10f_H$ 频率下的输出电压峰值.并将 $10f_H$ 频率下二阶低通电路的输出电压峰值与 $10f_H$ 频率下一阶 RL 低通电路的输出正弦稳态响应电压峰值进行比较.

2. 二阶 RLC 高通电路(图 1-1-10)的频率特性

信号源为 1 V 电压峰值的扫频电压源(V_{AC}).采用交流仿真分析方法.

计算电路的阻尼系数 ζ 理论值.测量电路的 f_L,以及在 $0.1f_L$,$10f_L$ 频率下的输出电压峰值.并将 $0.1f_L$ 频率下二阶高通电路的输出电压峰值与 $0.1f_L$ 频率下一阶 RL 高通电路的输出正弦稳态响应电压峰值进行比较.

计算当 RLC 高通电路的 f_L 不变、阻尼系数 ζ 分别为 1/2 和 2 时电阻 R 的理论值,将二阶 RLC 高通电路(图 1-1-10)中的电阻 R 改变为理论值. 在 $f=f_L$ 频率点上,分别测量当电路阻尼系数 $\zeta=1/2$, $\zeta=2$ 时的电路输出电压值.

1.1.3.3 二阶带通和带阻电路仿真分析

1. 二阶 RLC 带通电路(图 1-1-12)和带阻电路(图 1-1-15)的频率特性

信号源为 1 V 电压峰值的扫频电压源(V_{AC}). 采用交流仿真分析方法.

测量电路的中心频率 f_o、上截止频率 f_H、下截止频率 f_L、带宽 B、品质因数 Q、时间常数 $1/\alpha$.

分别计算当带通和带阻电路的中心频率 f_o 不变,带宽 B 为 20 kHz 时电阻 R 的理论值,并分别将带通和带阻电路中的电阻 R 数值改变为理论值. 采用交流仿真分析方法测量新带通和带阻电路的中心频率 f_o、上截止频率 f_H、下截止频率 f_L、带宽 B、品质因数 Q、时间常数 $1/\alpha$,以验证理论计算.

2. 二阶 RLC 带通电路(图 1-1-12)和带阻电路(图 1-1-15)的正弦响应

带通和带阻电路的带宽 B 均为 20 kHz(电阻 R 分别取理论值). 信号源为 1 V 电压峰值的正弦波(V_{SIN}),频率分别取为 $0.1f_o$, f_L, f_o, f_H, $10f_o$. 采用瞬态仿真分析方法.

分别观察在输入信号频率 $f=f_o$ 时带通和带阻电路的输出正弦响应瞬态现象,分别测量带通和带阻电路的输出幅度达到稳定所需的时间.

分别测量带通和带阻电路在输入信号频率为 $0.1f_o$, f_L, f_o, f_H, $10f_o$ 时的输出稳态响应电压峰值与相位值.

1.1.4 实验步骤

1.1.4.1 无源 RLC 线性电路原理图输入

运用 Capture 程序,输入一阶低通电路(图 1-1-1)、一阶高通电路(图 1-1-4),以及二阶低通(图 1-1-6)、高通(图 1-1-10)、带通(图 1-1-12)和带阻电路(图 1-1-15)的原理图.

1. 启动 OrCAD/Capture

选择"开始"→"程序"→"OrCAD 9.2"→"Capture",进入 Capture 的工作环境.

2. 进入原理图编辑器

(1) 在 Capture 菜单中,选择"File/New/Project"命令,以创建新项目.

(2) 出现"New Project"对话窗口。可在 Name 对话框中键入欲建立项目的名字(如"MyProject"),在 Location 对话框中键入该项目的保存地址(如"E:\MyDocument"),并在 Create a New Project Using 复选框中选择"Analog or Mixed-Signal Circuit."单击"OK"。

(3) 出现"Create PSpice Project"对话窗口。可在 Create base upon an existing project 复选框中选择"simple. opj."单击"OK"。

(4) 在项目管理器中,依次双击"Design Resources","MyProject. dsn","Schematic1","Page1",进入原理图编辑器界面。至此,设计者可进行电路原理图的绘制。

3. 放置元器件符号

(1) 执行"Place/Part"子命令,屏幕上弹出元器件符号选择框"Place Part"。

(2) 在元器件符号 Part 列表框中选择所需的元器件名,单击"OK"。

(3) 如果 Part 列表框中没有所需的元器件名,则可在元器件符号库 Libraries 列表框中选择所需的所需元器件所在的符号库名称,再进行步骤(2)的操作。

提示:电阻、电容、电感在元器件符号库 Libraries 列表中的"ANALOG",选择 PART 列表中的 R、C、L 作为电阻、电容、电感;正弦信号电压源、矩形脉冲信号电压源、扫频信号电压源在元器件符号库 Libraries 列表中的"SOURCE",选择 PART 列表中的"V_{SIN}"、"V_{PULSE}"、"V_{AC}"作为正弦信号电压源、脉冲信号电压源、扫频信号电压源。

(4) 如果元器件符号库 Libraries 列表框中没有所需元器件所在的符号库名称,则可按"Add Library…",在出现的"Browse File"对话框中,使元器件符号库"搜寻"路径为"C:\Program Files\OrCAD 9.2\Capture\Library\PSpice",选择所需的所需元器件所在的符号库名称,单击"打开"。再进行步骤(2)、(3)的操作。

(5) 将元器件符号放置在电路图的合适位置。通过步骤(2)被调至电路图中的元器件符号将附着在光标上并随着光标的移动而移动。移至合适位置时点击鼠标左键,即在该位置放置一个元器件符号。这时继续移动光标,还可在电路图的其他位置继续放置该元器件符号。

(6) 结束元器件的放置。可按 ESC 键以结束绘制元器件状态,也可按鼠标右键,屏幕上将弹出快捷菜单,选择执行其中的"End Mode"命令即可结束绘制元器件状态。

4. 放置系统零电平参考点(地)符号

(1) 执行"Place/Ground"子命令,屏幕上弹出元器件符号选择框"Place Ground"。

(2) 在地符号 Symbol 列表框中选择"0/Design Cache"或"0/SOURCE",单击"OK".

提示:地符号在符号库 Libraries 列表中的"Design Cache"或"SOURCE".

(3) 将地符号放置在电路图的合适位置. 通过步骤(2)被调至电路图中的地符号将附着在光标上并随着光标的移动而移动. 移至合适位置时点击鼠标左键,即在该位置放置一个地符号. 这时继续移动光标,还可在电路图的其他位置继续放置地符号.

(4) 结束地符号的放置. 可按 ESC 键以结束绘制地符号状态,也可按鼠标右键,屏幕上将弹出快捷菜单,选择执行其中的"End Mode"命令即可结束绘制地符号状态.

5. 元器件间的电连接

(1) 执行"Place/Wire"子命令,进入绘制互连线状态. 这时光标形状由箭头变为十字形.

(2) 将光标移至互连线的起始位置处,点击鼠标左键从该位置开始绘制一段互连线.

(3) 用鼠标或者键盘的方向键控制光标移动,随着光标的移动,互连线随之出现.

(4) 在电路图中的恰当位置处,单击鼠标左键,以结束绘制当前段互连线. 继续移动鼠标控制光标移动,以绘制下一段互连线.

(5) 如果互连线绘制完毕,则可单击鼠标右键,从快捷菜单中选择执行"End Wire"子命令,即可结束互连线绘制状态.

6. 修改电路原理图

(1) 对绘好的电路图,通常都要根据需要进行修改,如删除电路中无用的元素、改变元器件的放置位置、修改元器件的属性参数等.

(2) 将绘制好的电路图存入文件. 可在 Capture 菜单中,选择"File/Save"命令.

1.1.4.2 无源 RLC 线性电路阶跃响应的瞬态分析

使用脉冲信号电压源 V_{PULSE} 作为欲仿真电路原理图中的信号源. V_{PULSE} 信号源有 5 项参数,分别为脉冲起始电平 V_1、脉冲维持电平 V_2、脉冲延迟时间 T_D、脉冲上升时间 T_R、脉冲下降时间 T_F、脉冲维持时间宽度 PW、脉冲重复周期时间 PER.

根据电路仿真的实际需要,正确设置脉冲电压信号源 V_{PULSE}. 如,可在

Capture 环境中,将 V_{PULSE} 设置成 $V_1=0\,\text{V}$, $V_2=1\,\text{V}$, $T_D=0\,\text{s}$, $T_R=0\,\text{s}$, $T_F=0\,\text{s}$, $PW=15\,\mu\text{s}$, $PER=30\,\mu\text{s}$.

然后进行以下操作,进行无源 RLC 线性电路阶跃响应的瞬态分析.

1. 设置仿真分析类型和参数

在 Capture 界面中执行"PSpice/Edit Simulation Profile"命令,屏幕上弹出"Simulation Setting"对话框.

(1) 在 Analysis 标签页选择"Analysis Type"栏下的瞬态分析类型"Time Domain(Transient)".

(2) 在 Analysis 标签页的"Start saving data"栏填写"0 μs","Run to"栏填写"10 μs","Maximum step"栏填写"0.01 μs"(表示 10 μs 仿真时间段中包含 1 000 个计算点).

(3) 点击"确定"按钮.

2. 放置测量仪器探头

在 Capture 界面中点击 ![] 按钮,将电压仪探头用鼠标拖至电路原理图的待仿真节点处,如输入端 v_i、输出端 v_o 处.可按鼠标右键执行"End Mode"命令以结束仪器探头的放置.

3. 执行 PSpice 仿真分析

在 Capture 界面中执行"PSpice/Run"命令,即调用 PSpice 进行电路特性分析.屏幕上出现 PSpice 仿真分析窗口,显示模拟分析的具体进展情况.

4. 电路模拟仿真结果分析

观察 RLC 电路输出充放电波形,使用十字标尺测量电路输出初值、电压终值、电路时间常数 τ、时间持续 5τ 时电路输出电压值.

(1) 在 PSpice 仿真分析窗口,点击 ![] 按钮,出现大十字标尺.点击分析窗口左下角"V(R1:2)",即选择输出端与 R_2 电阻连接处的电压波形.用鼠标左右拖动十字标尺,十字标尺水平线将随输出电压波形上下移动.同时,在"Probe Cursor"小窗中显示十字标尺的坐标变化情况(第一为水平时间值,第二为垂直电压值).

(2) 当十字标尺被拖动至 0 μs 处时("Probe Cursor"小窗显示),点击 ![] 按钮,即在该处波形标记位置坐标,第一为波形初始时间数值,第二即为待测的波形电压初值.

(3) 当十字标尺被拖动至波形电压变化饱和处时("Probe Cursor"小窗显

示),点击 ![按钮图标] 按钮,即在该处波形标记位置坐标,第一为波形终止时间数值,第二即为待测的波形电压终值.

(4) 当十字标尺被拖动至波形电压为特定数值时(对于充电波形,为 63.2% 终值;对于放电波形,为 36.8% 初值),点击 ![按钮图标] 按钮,即在该处波形标记位置坐标,第一即为待测的电路时间常数 τ 数值,第二为波形电压特定数值.

(5) 当十字标尺被拖动至水平坐标为 5τ 时间数值处时("Probe Cursor"小窗显示),点击 ![按钮图标] 按钮,即在该处波形标记位置坐标,第一为 5τ 时间数值,第二即为待测的时间持续 5τ 时电路输出电压值. 该电压值应当非常接近波形电压终值.

1.1.4.3 无源 RLC 线性电路正弦响应的瞬态分析

使用正弦信号电压源 V_{SIN} 作为欲仿真电路原理图中的信号源. V_{SIN} 信号源有 3 项参数,分别为直流偏移电平 V_{OFF}、正弦波电压幅度 V_{AMPL}、正弦波频率 $FREQ$.

根据电路仿真的实际需要,正确设置正弦电压信号源 V_{SIN}. 如可在 Capture 环境中,将 V_{SIN} 设置成 $V_{OFF} = 0\text{ V}$, $V_{AMPL} = 1\text{ V}$, $FREQ = 100\text{ kHz}$.

然后进行以下操作,进行无源 RLC 线性电路正弦响应的瞬态分析.

1. 设置仿真分析类型和参数

在 Capture 界面中执行"PSpice/Edit Simulation Profile"命令,屏幕上弹出"Simulation Setting"对话框.

(1) 在设置框(Simulation Setting)中的 Analysis 标签页,选择"Analysis Type"栏下的瞬态分析类型"Time Domain(Transient)".

(2) 在 Analysis 标签页的"Start saving data"栏填写"0 μs","Run to"栏填写"100 μs"(若信号周期为 10 μs,则表示欲观察 10 个信号周期),"Maximum step"栏填写"0.1 μs"(表示 100 μs 仿真时间中计算 1 000 个点).

(3) 点击"确定"按钮.

2. 放置测量仪器探头

在 Capture 界面中点击 ![按钮图标] 按钮,将电压仪探头用鼠标拖至电路原理图的待仿真节点处,如输入端 v_i、输出端 v_o 处. 可按鼠标右键执行"End Mode"命令以结束仪器探头的放置.

3. 执行 PSpice 仿真分析

在 Capture 界面中执行"PSpice/Run"命令,即调用 PSpice 进行电路特性分析.

屏幕上出现 PSpice 仿真分析窗口,显示模拟分析的具体进展情况.

4. 电路模拟仿真结果分析

观察输出正弦瞬态响应、正弦稳态响应波形. 使用十字标尺测量电路输出正弦稳态响应电压峰值、正弦瞬态响应持续时间、正弦稳态响应电压波形相位.

(1) 在 PSpice 仿真分析窗口,点击 ✠ 按钮,出现大十字标尺. 点击分析窗口左下角"V(R1:2)",即选择输出端与 R_2 电阻连接处的电压波形. 用鼠标左右拖动十字标尺,十字标尺水平线将随输出电压波形上下移动. 同时,在"Probe Cursor"小窗中显示十字标尺的坐标变化情况(第一为水平时间值,第二为垂直电压值).

(2) 点击 ✠ 按钮,十字标尺自动对准输出波形顶峰. 观察十字标尺是否仍处于正弦瞬态响应时间段内,是则继续点击 ✠ 按钮,十字标尺自动对准输出波形下一个周期顶峰,否则认为十字标尺到达正弦瞬态响应时间段内的输出波形第一周期顶峰("Probe Cursor"小窗显示第二坐标变化饱和).

(3) 当十字标尺处于正弦瞬态响应时间段内的输出波形第一周期顶峰时,点击 ✠ 按钮,即在该处波形标记位置坐标,第一为待测的正弦瞬态响应持续时间数值,第二为待测的正弦稳态响应电压峰值.

(4) 点击分析窗口左下角"V(V1:+)",即选择输入端与信号源连接处的电压波形. 用鼠标左右拖动十字标尺,十字标尺水平线将随输入电压波形上下移动. 同时,在"Probe Cursor"小窗中显示十字标尺的坐标变化情况(第一为水平时间值,第二为垂直电压值).

(5) 点击 ✠ 按钮,十字标尺自动对准输入波形第一周期顶峰,然后点击 ✠ 按钮,即在该处波形标记位置坐标. 再次点击 ✠ 按钮,十字标尺自动对准输入波形第二周期顶峰,然后点击 ✠ 按钮,即在该处波形标记位置坐标. 将两次标记的水平位置时间坐标数值相减,可求得输入波形的一个周期时间间隔 T.

(6) 再多次点击 ✠ 按钮,当十字标尺对准位于输出正弦瞬态响应波形第一周期附近的输入波形顶峰时,点击 ✠ 按钮,即在该处波形标记位置坐标. 将该次标记的水平位置时间坐标数值与输出正弦瞬态响应波形第一周期顶峰的水平位置时间坐标数值相减,可求得输出正弦波形与输入正弦波形的时间差 ΔT.

(7) 通过计算 $\varphi = 360° \cdot \Delta T/T$，可求得正弦稳态响应电压波形相位度数。

1.1.4.4 无源 RLC 线性电路的交流分析

交流仿真分析能够获得电路的频率特性。交流仿真分析使用扫频信号电压源 V_{AC} 作为欲仿真电路原理图中的信号源。V_{AC} 信号源有两项参数，分别为扫频正弦波电压幅度 V_{ac} 值、直流偏移电平 V_{dc} 值。

根据电路仿真的实际需要，正确设置扫频电压信号源 V_{AC}。如，可在 Capture 环境中，将 V_{AC} 设置成 1 Vac，0 Vdc。

然后进行以下操作，进行无源 RLC 线性电路正弦响应的交流分析。

1. **设置仿真分析类型和参数**

在 Capture 界面中执行"PSpice/Edit Simulation Profile"命令，屏幕上弹出"Simulation Setting"对话框。

（1）在设置框（Simulation Setting）中的 Analysis 标签页，选择"Analysis Type"栏下的交流分析类型"AC Sweep/Noise。"

（2）如果待分析的电路为带通或带阻系统，则转步骤（4），否则进入步骤（3）。

（3）在 Analysis 标签页，选择"Logarithmic"及"Decade"（10 倍频程对数水平坐标），"Start"栏填写"1 Hz"，"End"栏填写"10 MHz"，"Points/Decade"栏填写"100"（每 10 倍频程计算 100 点）。转步骤（5）。

（4）在 Analysis 标签页，选择"Linear"（线性水平坐标），"Start"栏填写"40 kHz"，"End"栏填写"190 kHz"，"Total"栏填写"1 500"（总共计算 1 500 点，水平分辨率为 0.1 kHz）。

（5）点击"确定"按钮。

2. **放置测量仪器探头**

在 Capture 界面中点击 按钮，将电压仪探头用鼠标拖至电路原理图的待仿真节点处，如输出端 v_o 处。可按鼠标右键执行"End Mode"命令以结束仪器探头的放置。

3. **执行 PSpice 仿真分析**

在 Capture 界面中执行"PSpice/Run"命令，即调用 PSpice 进行电路特性分析。

屏幕上出现 PSpice 仿真分析窗口，显示模拟分析的具体进展情况。

4. **电路模拟仿真结果分析**

观察 RLC 电路的幅度频率特性，对于带通或带阻系统，测量电路的中心频率

f_o、上截止频率 f_H、下截止频率 f_L、通(阻)频带宽度 B、品质因数 Q、时间常数 $1/\alpha$. 而对于低通或高通系统,只需测量电路的上截止频率 f_H 或下截止频率 f_L.

(1) 在 PSpice 仿真分析窗口,点击 按钮,出现大十字标尺. 用鼠标左右拖动十字标尺,十字标尺水平线将沿系统输出信号的幅度频率特性曲线上下左右移动.

(2) 如果待分析的电路为带通或带阻系统,则转步骤(3),否则进入步骤(4).

(3) 点击 或( )按钮,十字标尺对准带通(或带阻)幅度频率特性曲线顶峰(或谷底). 点击 按钮,在顶峰处(或谷底)标记位置坐标,第一即为待测的带通(或带阻)电路中心频率 f_o 数值,第二为带通(或带阻)电路中心频率 f_o 所对应的系统输出信号电压幅度数值.

(4) 用鼠标左右拖动十字标尺,当十字标尺的垂直坐标为 0.707 时("Probe Cursor"小窗显示第二坐标变化情况),点击 按钮,在该处标记位置坐标,第一即为待测的上截止频率 f_H(或下截止频率 f_L)数值,第二为该截止频率所对应的系统输出信号电压幅度数值.

(5) 如果待分析的电路为带通或带阻系统,则转步骤(6),否则进入步骤(9).

(6) 通过计算 $B = f_H - f_L$,可求得带通或带阻系统的通(阻)频带宽度数值.

(7) 通过计算 $Q = f_o/B$,可求得带通或带阻系统的品质因数数值.

(8) 通过计算 $1/\alpha = 1/(\pi \cdot B)$,可求得带通或带阻系统的时间常数数值.

(9) 结束.

1.1.4.5 实验数据记录

一、一阶低通和高通电路仿真分析

1. 一阶 RC 低通电路的阶跃响应

项目	初值 $v_o(0)$ (V)	终值 $v_o(\infty)$ (V)	63.2%终值 $v_o(\tau)$ (V)	时间常数 τ (μs)	饱和时间 5τ (μs)	饱和值 $v_o(5\tau)$ (V)	饱和比值 $v_o(5\tau)/v_o(\infty)$ (%)
理论值							
测量值							

2. 一阶 RC 高通电路的阶跃响应

项目	初值 $v_o(0_+)$ (V)	终值 $v_o(\infty)$ (V)	36.8%初值 $v_o(\tau)$ (V)	时间常数 τ (μs)	饱和时间 5τ (μs)	饱和值 $v_o(5\tau)$ (V)	饱和比值 $v_o(5\tau)/v_o(0_+)$ (%)
理论值							
测量值							

3. 一阶 RL 低通和高通电路的正弦响应

项目		一阶 RL 低通稳态响应			一阶 RL 高通稳态响应		
理论值	稳定时间 5τ(μs)						
	信号频率 f (kHz)	$0.1f_H$	f_H	$10f_H$	$0.1f_L$	f_L	$10f_L$
	峰值 V_{op} (mV)						
	相位 φ(°)						
测量值	信号频率 f (kHz)	$0.1f_H$	f_H	$10f_H$	$0.1f_L$	f_L	$10f_L$
	峰值 V_{op} (mV)						
	相位 φ(°)						

二、二阶低通、高通电路仿真分析(频率特性)

	项目	低通			高通			
二阶电路	阻尼系数 ζ						0.5	2
	电阻 R(kΩ)	2			2			
	频率 f (kHz)	$0.1f_H$	f_H	$10f_H$	$0.1f_L$	f_L	$10f_L$	f_L	f_L
	峰值 V_{op} (mV)								

(续表)

项目		低通			高通				
一阶电路	频率 f (kHz)	$0.1f_H$	f_H	$10f_H$	$0.1f_L$	f_L	$10f_L$	//////	//////
								//////	//////
	峰值 V_{op} (mV)							//////	//////
								//////	//////

三、二阶带通、带阻电路仿真分析

1. 二阶RLC带通与带阻电路的频率特性

项目	电阻 R (kΩ)	中心频率 f_o(kHz)	截止频率 f_H(kHz)	截止频率 f_L(kHz)	带宽 B (kHz)	品质因数 Q	时间常数 $1/\alpha(\mu s)$
带通	0.51				20		
阻带	51				20		

2. 二阶RLC带通与带阻电路的正弦响应

	系统	带通电路		带阻电路	
测量项目	稳定时间 $5/\alpha$ (μs)				
	信号频率 f (kHz)	峰值 V_{op} (mV)	相位 φ (°)	峰值 V_{op} (mV)	相位 φ (°)
测量值	$0.1f_o$				
	f_L				
	f_o				
	f_H				
	$10f_o$				
理论值	$0.1f_o$				
	f_L				
	f_o				

(续表)

项目	信号频率 f (kHz)	峰值 V_{op} (mV)	相位 φ (°)	峰值 V_{op} (mV)	相位 φ (°)
	f_H				
	$10f_o$				

§1.2 晶体管单级放大器的分析

通过本实验,理解双极型管放大器与绝缘栅型场效应管放大器的工作原理,了解晶体管单级放大器的设计方法.掌握放大器特性观察与参数测量的方法.

1.2.1 实验原理

1.2.1.1 双极型管共射放大器

一、工作原理

图 1-2-1(a)为晶体管共射放大器原理图.电路采用分压式电流负反馈偏置方式,以减小静态工作点电流 I_{CQ} 及电压 V_{CEQ} 对晶体管参数的依赖性,使电路的静态工作点更稳定.

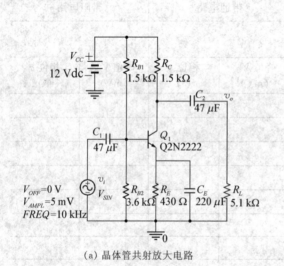

(a) 晶体管共射放大电路　　(b) 晶体管放大器的限幅失真与动态范围

图 1-2-1　晶体管共射放大器

输入交流小信号电压 v_i 经过耦合电容 C_1 至晶体管 Q_1 基极 b,基极电压为静态与交流电压的叠加.基极电压的交变部分(即输入交流信号 v_i)作用在晶体管 be 结等效动态电阻 r_{be} 上,产生与输入小信号 v_i 相关的交变基极电流.经过晶体管 β 倍电流放大,集电极产生的与输入小信号 v_i 相关的交变电流作用于集电极等效负载 $R_C // R_L$,产生比小信号 v_i 幅度大得多且相位为 180°的输出交变电压 v_o.

图 1-2-2 为共射放大器交流等效电路.如果信号频率足够高,则视耦合与旁路电容为短路,系统的中频增益绝对值为

$$A_V = \frac{\beta \cdot R_C // R_L}{r_{be}} \approx \frac{R_C // R_L}{V_T} I_{CQ} \quad (1.2.1)$$

在常温 $(T = 300 \text{ K})$ 下,有 $V_T \approx 26 \text{ mV}$.

由式(1.2.1)可知,改变晶体管静态工作点电流 I_{CQ} 即可改变放大器增益.此外,由图 1-2-1(b) 可知,晶体管静态工作点 Q 的选取将对放大器不失真输出动态范围产生影响.

若 Q 点的选取过于靠近 A' 点或 B 点,则容易使工作点的变化范围在输入交变信号的作用下超过交流负载线(斜率为 $-(R_C // R_L)^{-1}$)的 A' 点或 B 点,放大器输出波形将产生饱和或截止平顶限幅失真.A 点和 B 点所对应的集电极电压变化范围,是放大器输出电压的最大摆动幅度.由此,可求出放大器不失真输出动态范围 V_{opp} 表达式:

$$V_{opp} = 2 \min\{(V_{CEQ} - V_{CES}),\ (I_{CQ} - I_{CEO}) \cdot R_C // R_L\} \quad (1.2.2)$$

V_{CES} 和 I_{CEO} 是晶体管 ce 间饱和压降(约 1 V)与穿透电流(可忽略).为了充分利用放大器的摆动范围以获得较大的 V_{opp},放大器的静态工作点 Q 应选取在交流负载线的中点,即

$$\begin{cases} V_{CEQ} - V_{CES} = \frac{1}{2} V_{opp} \\ I_{CQ} \cdot R_C // R_L \geqslant \frac{1}{2} V_{opp} \end{cases} \quad (1.2.3)$$

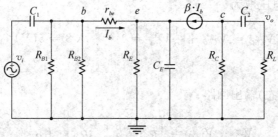

图 1-2-2　考虑耦合与旁路电容作用的共射放大器交流等效电路

另外，晶体管 be 结输入特性以及 β 的非线性，也使放大器输出波形产生非线性失真。

二、设计方法

对于如图 1-2-1(a)所示的共射放大器电路形式，根据系统设计指标要求，确定电路中所有的电阻、电容数值。假定要求的放大器指标如下：

电压增益 $A_V = 200$，输入阻抗 $r_i \geqslant 1\ \text{k}\Omega$，输出阻抗 $r_o \leqslant 4\ \text{k}\Omega$，不失真输出动态范围 $V_{opp} \geqslant 8\ \text{V}$，下截止频率 $f_L \leqslant 100\ \text{Hz}$；输入信号峰峰值 $V_{ipp} = 10 \sim 40\ \text{mV}$，负载阻抗 $R_L = 20\ \text{k}\Omega$，直流偏置电源电压 $V_{CC} = 12\ \text{V}$；晶体管参数 $\beta = 200$，$r_{bb'} = 100\ \Omega$，$V_{CES} = 1\ \text{V}$。

放大器的设计过程是首先满足 V_{opp} 指标，再定 Q 点，然后根据 A_V，r_i 等指标求出电路中所有的电阻数值，最后由 f_L 指标求出电容数值。设计流程是从系统的输出端到输入端方向，与电路分析流程正好相反。放大器的设计步骤如下：

1. R_C 的确定

共射放大器输出阻抗 r_o 为

$$r_o = R_C \tag{1.2.4}$$

由要求的放大器指标 $r_o \leqslant 4\ \text{k}\Omega$，可取 $R_C = 2\ \text{k}\Omega$。

R_C 还可取其他的数值，但存在一个允许范围，详见"步骤(7) R_C 取值范围"。

2. 晶体管静态工作点 Q 的选取

由共射放大器增益绝对值

$$A_V \approx \frac{R_C \mathbin{/\mkern-5mu/} R_L}{V_T} I_{CQ} \tag{1.2.5}$$

有

$$I_{CQ} \approx \frac{A_V \cdot V_T}{R_C \mathbin{/\mkern-5mu/} R_L} = \frac{200 \times 0.026}{2 \times 20/(2+20)} = 2.86(\text{mA}) \tag{1.2.6}$$

$$r_{be} = r_{bb'} + \beta \frac{V_T}{I_{CQ}} = 0.1 + 200 \times \frac{0.026}{2.86} = 1.918(\text{k}\Omega) \tag{1.2.7}$$

静态工作点电压取为

$$V_{CEQ} = V_{CES} + \frac{1}{2} V_{opp} = 1 + \frac{1}{2} \times 8 = 5(\text{V}) \tag{1.2.8}$$

3. R_E 的确定

由放大器(静态)输出回路，有

$$V_{CC} - V_{CEQ} = \left(R_C + \frac{\beta+1}{\beta} R_E \right) \cdot I_{CQ} \tag{1.2.9}$$

第1篇 模拟电子学基础实验

因此 $R_E = \dfrac{\beta}{\beta+1}\left(\dfrac{V_{CC}-V_{CEQ}}{I_{CQ}} - R_C\right) = \dfrac{200}{201} \times \left(\dfrac{12-5}{2.86} - 2\right) = 445 \approx 430(\Omega)$

(1.2.10)

关于电阻元件取值规定,详见"1.10.2.1 电阻参数系列"。

$$(\beta+1)R_E = 201 \times 0.43 = 86.43(\text{k}\Omega) \quad (1.2.11)$$

4. $R_{B1} \,/\!/\, R_{B2}$ **的确定**

由于共射放大器输入阻抗 r_i 为

$$r_i = R_{B1} \,/\!/\, R_{B2} \,/\!/\, r_{be} \quad (1.2.12)$$

因此 $R_{B1} \,/\!/\, R_{B2}$ 取为

$$R_{B1} \,/\!/\, R_{B2} = \dfrac{r_{be} \cdot r_i}{r_{be} - r_i} = \dfrac{1.918 \times 1}{1.918 - 1} = 2.089(\text{k}\Omega) \quad (1.2.13)$$

5. R_{B1}, R_{B2} **的确定**

由放大器(静态)输入回路,有

$$I_{CQ} = \beta \dfrac{\dfrac{R_{B1} \,/\!/\, R_{B2}}{R_{B1}} V_{CC} - V_{BEQ}}{R_{B1} \,/\!/\, R_{B2} + (\beta+1)R_E} \quad (1.2.14)$$

因此 R_{B1} 取为

$$R_{B1} = \dfrac{\beta \cdot R_{B1} \,/\!/\, R_{B2} \cdot V_{CC}}{[R_{B1} \,/\!/\, R_{B2} + (\beta+1)R_E] \cdot I_{CQ} + \beta \cdot V_{BEQ}}$$

$$= \dfrac{200 \times 2.089 \times 12}{(2.089 + 86.43) \times 2.86 + 200 \times 0.7} = 12.75 \approx 12(\text{k}\Omega)$$

(1.2.15)

因此 R_{B2} 取为

$$R_{B2} = \dfrac{R_{B1} \cdot R_{B1} \,/\!/\, R_{B2}}{R_{B1} - R_{B1} \,/\!/\, R_{B2}} = \dfrac{12 \times 2.089}{12 - 2.089} = 2.53 \approx 2.4(\text{k}\Omega) \quad (1.2.16)$$

6. C_1, C_2, C_E **的确定**

放大器的下截止频率 f_L 主要由射极旁路电容 C_E 决定. 由图 1-2-2 所示的共射放大器交流等效电路,可以求得满足下截止频率 f_L 需求的 C_E 值:

$$C_E = \dfrac{1}{2\pi \cdot f_L \cdot R_E \,/\!/\, \dfrac{r_{be}}{\beta+1}} = \dfrac{1}{2\pi \times 100 \times 0.43 \,/\!/\, \dfrac{1.918}{201}} = 170.5 \approx 180(\mu\text{F})$$

(1.2.17)

取
$$C_1 = C_2 = \frac{C_E}{5} = \frac{180}{5} \approx 33(\mu F) \qquad (1.2.18)$$

7. R_C 取值范围

作为晶体管集电极负载，R_C 的取值将影响放大器的增益，不可过小。

但式(1.2.10)表明，如果 R_C 取值过大，则可能使 R_E 计算值为负，即 R_E 无解，因此须求 R_C 取值范围。

将式(1.2.6)、式(1.2.8)代入式(1.2.10)，有

$$R_E = \frac{\beta}{\beta+1}\left(\frac{V_{CC}-V_{CES}-\frac{1}{2}V_{opp}}{A_V \cdot V_T} \cdot \frac{R_L}{R_C+R_L} - 1\right) \cdot R_C \qquad (1.2.19)$$

式(1.2.19)必须为正，因此有

$$R_C = \left(\frac{V_{CC}-V_{CES}-\frac{1}{2}V_{opp}}{A_V \cdot V_T} - 1\right) \cdot R_L = \left(\frac{12-1-4}{200 \times 0.026} - 1\right) \times 20 = 7(\mathrm{k}\Omega) \qquad (1.2.20)$$

当 R_C 按下式取值时，可使 R_E 计算值为最大，有利于静态工作点的稳定：

$$R_C = \left(\sqrt{\frac{V_{CC}-V_{CES}-\frac{1}{2}V_{opp}}{A_V \cdot V_T}} - 1\right) \cdot R_L \qquad (1.2.21)$$
$$= \left(\sqrt{\frac{12-1-4}{200 \times 0.026}} - 1\right) \times 20 = 3.2 \approx 3.3(\mathrm{k}\Omega)$$

1.2.1.2　MOSFET 共源放大器

一、工作原理

图 1-2-3(a)为 N 沟道增强型 MOS 场效应管共源放大器原理图。电路采用分压式电流负反馈偏置方式，具有较好的静态工作点稳定性。

输入交流小信号电压 v_i 经过耦合电容 C_1 至 MOS 场效应管 M_1 栅极 G，栅极电压为静态与交流电压的叠加。栅极电压的交变部分（即输入交流信号 v_i）改变着 DS 间沟道的宽窄，产生与输入小信号 v_i 相关的交变漏极电流。与输入小信号 v_i 相关的交变漏极电流作用于漏极等效负载 $R_D /\!/ R_L$，产生比小信号 v_i 幅度大得多且相位为 180° 的输出交变电压 v_o。

场效应管转移特性为

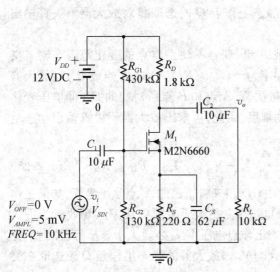
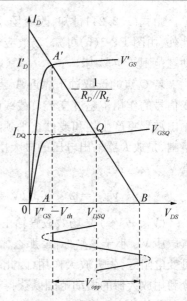

(a) MOSFET 共源放大电路　　　　(b) MOSFET 放大器的限幅失真与动态范围

图 1-2-3　N 沟道 MOSFET 共源放大器

$$I_D = I_{DSS} \cdot \left(\frac{V_{GS}}{V_{th}} - 1\right)^2 \qquad (1.2.22)$$

场效应管(Q 点)动态跨导为

$$g_m = \left.\frac{\partial I_D}{\partial V_{GS}}\right|_Q = \frac{2}{V_{th}}\sqrt{I_{DSS} \cdot I_{DQ}} \qquad (1.2.23)$$

图 1-2-4 为 MOSFET 共源放大器交流等效电路。如果信号频率足够高,则视耦合与旁路电容为短路,系统的中频增益绝对值为

$$A_V = g_m \cdot R_D \mathbin{/\mkern-6mu/} R_L = 2\frac{R_D \mathbin{/\mkern-6mu/} R_L}{V_{th}}\sqrt{I_{DSS} \cdot I_{DQ}} \qquad (1.2.24)$$

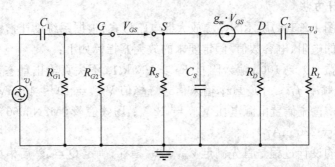

图 1-2-4　考虑耦合与旁路电容作用的共源放大器交流等效电路

由式(1.2.24)可知,改变场效应管静态工作点电流 I_{DQ} 即可改变放大器增益.此外,由图 1-2-3(b)可知,场效应管静态工作点 Q 的选取将对放大器不失真输出动态范围产生影响.

若 Q 点的选取过于靠近 A' 点或 B 点,则容易使工作点的变化范围在输入交变信号的作用下超过交流负载线(斜率为 $-(R_D /\!/ R_L)^{-1}$)的 A' 点或 B 点,放大器输出波形将产生饱和或截止平顶限幅失真. A 点和 B 点所对应的 DS 间电压变化范围,是放大器输出电压的最大摆动幅度.由此,可求出放大器不失真输出动态范围 V_{opp} 表达式:

$$V_{opp} = 2 \cdot \min\{(V_{DSQ} - (V'_{GS} - V_{th})), I_{DQ} \cdot R_D /\!/ R_L\} \quad (1.2.25)$$

$(V'_{GS} - V_{th})$ 是场效应管输出特性 GD 预夹断轨迹的 A' 点水平坐标,如果工作点电压 V_{DS} 小于该坐标值,那么栅漏电压 V_{GD} 将大于夹断电压 V_{th},场效应管进入可变电阻区,失去放大作用,因此静态工作点电压 V_{DSQ} 必须大于该坐标值.为了充分利用放大器的摆动范围以获得较大的 V_{opp},放大器的静态工作点 Q 应选取在交流负载线的中点,即:

$$\begin{cases} I'_D = 2 \cdot I_{DQ} \\ V_{DSQ} - (V'_{GS} - V_{th}) = \dfrac{1}{2} V_{opp} \\ I_{DQ} \cdot R_D /\!/ R_L = \dfrac{1}{2} V_{opp} \end{cases} \quad (1.2.26)$$

因此,由式(1.2.20)可以 I'_D 表示 V'_{GS}.式(1.2.26)改写为

$$\begin{cases} V_{DSQ} - V_{th} \sqrt{\dfrac{2 \cdot I_{DQ}}{I_{DSS}}} = \dfrac{1}{2} V_{opp} \\ I_{DQ} \cdot R_D /\!/ R_L = \dfrac{1}{2} V_{opp} \end{cases} \quad (1.2.27)$$

二、设计方法

对于如图 1-2-3(a)所示的共源放大器电路形式,根据系统设计指标要求,确定电路中所有的电阻、电容数值.假定要求的放大器指标如下:

电压增益 $A_V = 100$,输入阻抗 $R_i \geqslant 100 \text{ k}\Omega$,不失真输出动态范围 $V_{opp} \geqslant 8 \text{ V}$,下截止频率 $f_L \leqslant 100 \text{ Hz}$;输入信号峰峰值 $V_{ipp} = 10 \sim 40 \text{ mV}$,负载阻抗 $R_L = 20 \text{ k}\Omega$,直流偏置电源电压 $V_{DD} = 12 \text{ V}$;场效应管(M2N6660)参数 $V_{th} = 1.8 \text{ V}$, $I_{DSS} = 270 \text{ mA}$.

放大器的设计过程是首先满足 V_{opp}, A_V 指标,确定 Q 点,然后根据 R_i 等指标

求出电路中所有的电阻数值,最后由 f_L 指标求出电容数值. 设计流程是从系统的输出端到输入端方向,与电路分析流程正好相反. 放大器的设计步骤如下:

1. R_D 的确定

$$\begin{cases} A_V = \dfrac{2}{V_{th}} \sqrt{I_{DSS} \cdot I_{DQ}} \cdot R_D \mathbin{/\mkern-5mu/} R_L \\ \dfrac{1}{2} V_{opp} = I_{DQ} \cdot R_D \mathbin{/\mkern-5mu/} R_L \end{cases} \qquad (1.2.28)$$

解得 $I_{DQ} = \left(\dfrac{V_{opp}}{A_V \cdot V_{th}}\right)^2 \cdot I_{DSS} = \left(\dfrac{8}{100 \times 1.8}\right)^2 \times 270 = 0.5333(\text{mA})$

$$\qquad\qquad\qquad\qquad\qquad\qquad\qquad\qquad\qquad\qquad (1.2.29)$$

$$R_D = \dfrac{V_{opp} \cdot R_L}{2 \cdot R_L \cdot I_{DQ} - V_{opp}} = \dfrac{8 \times 20}{2 \times 20 \times 0.5333 - 8} = 12(\text{k}\Omega) \qquad (1.2.30)$$

由式(1.2.23),并将式(1.2.29)代入,可得场效应管(Q 点)动态跨导为

$$g_m = \dfrac{2V_{opp} \cdot I_{DSS}}{A_V \cdot V_{th}^2} = \dfrac{2 \times 8 \times 270}{100 \times 1.8^2} = 13.3333(\text{mS}) \qquad (1.2.31)$$

2. 场效应管静态工作点电压 V_{DSQ} 的选取

由式(1.2.27),并将式(1.2.29)代入,可得静态工作点电压 V_{DSQ}:

$$V_{DSQ} = \left(\dfrac{1}{2} + \dfrac{\sqrt{2}}{A_V}\right) \cdot V_{opp} = \left(\dfrac{1}{2} + \dfrac{\sqrt{2}}{100}\right) \times 8 = 4.113(\text{V}) \qquad (1.2.32)$$

3. R_S 的确定

由放大器(静态)输出回路,有

$$V_{DD} - V_{DSQ} = (R_D + R_S) \cdot I_{DQ} \qquad (1.2.33)$$

因此 R_S 取为

$$R_S = \dfrac{V_{DD} - V_{DSQ}}{I_{DQ}} - R_D = \dfrac{12 - 4.113}{0.5333} - 12 = 2.788 \approx 2.7(\text{k}\Omega)$$

$$\qquad\qquad\qquad\qquad\qquad\qquad\qquad\qquad\qquad\qquad (1.2.34)$$

4. V_{GSQ} 和 V_{GQ} 的确定

由式(1.2.22),并将式(1.2.29)代入,V_{GSQ} 可表示为

$$V_{GSQ} = \dfrac{V_{opp}}{A_V} + V_{th} = \dfrac{8}{100} + 1.8 = 1.88(\text{V}) \qquad (1.2.35)$$

$$V_{GQ} = V_{GSQ} + R_S \cdot I_{DQ} = 1.88 + 2.7 \times 0.533\ 3 = 3.32(\text{V}) \quad (1.2.36)$$

5. R_{G1} 和 R_{G2} 的确定

$$\begin{cases} R_i = R_{G1} \ /\!/ \ R_{G2} \\ V_{GQ} = \dfrac{R_{G2}}{R_{G1} + R_{G2}} \cdot V_{DD} \end{cases} \quad (1.2.37)$$

解得
$$R_{G1} = \frac{V_{DD}}{V_{GQ}} \cdot R_i = \frac{12}{3.32} \times 100 = 361.4 \approx 360(\text{k}\Omega) \quad (1.2.38)$$

$$R_{G2} = \frac{V_{DD}}{V_{DD} - V_{GQ}} \cdot R_i = \frac{12}{12 - 3.32} \times 100 = 138.25 \approx 130(\text{k}\Omega)$$
$$(1.2.39)$$

6. C_1，C_2，C_S 的确定

C_1，C_2，C_S 对放大器的下截止频率 f_L 的贡献，主要取决于源极旁路电容 C_S。由图 1-2-4 所示的共源放大器交流等效电路，可以求得满足下截止频率 f_L 需求的电容值：

$$C_S = \frac{1 + g_m \cdot R_S}{2\pi \cdot f_L \cdot R_S} = \frac{1 + 13.333\ 3 \times 2.7}{2\pi \times 100 \times 2.7} = 21.8 \approx 22(\mu\text{F}) \quad (1.2.40)$$

取
$$C_1 = C_2 = \frac{C_S}{5} \approx 4.7(\mu\text{F}) \quad (1.3.41)$$

1.2.2 实验内容

1.2.2.1 双极型管共射放大器分析

实验电路如图 1-2-1(a)所示，晶体管 Q2N2222 属于 BIPOLAR 元件库.

一、瞬态分析

信号源为正弦电压源 V_{SIN} ($V_{OFF} = 0\ \text{V}$，$V_{AMPL} = 5 \sim 50\ \text{mV}$，$FREQ = 10\ \text{kHz}$). 仿真设置为 "Time Domain(Transient)：Run to(11 ms)，Start saving data (10 ms)，Maximum step(0.001 ms)".

(1) 测量放大器的静态工作点 I_{CQ}，V_{CEQ}.

(2) 在放大器输出不失真条件下测量放大器的中频增益 A_V.

(3) 改变输入正弦信号的幅度，测量放大器的最大不失真输出范围 V_{opp}.

(4) 改变发射极偏置电阻 R_E 为 300 Ω 或 910 Ω，分别测量上述 3 类参数*.

二、交流扫描分析

发射极偏置电阻 R_E 仍为 430 Ω. 信号源为扫频正弦电压源 V_{AC}(5 mVac, 0 Vdc).

仿真设置为"AC Sweep/Noise: Logarithmic (Decade), Start (1 Hz), End (100 MegHz), Point/Decade(100)".

1. 放大器增益的频率特性

"Trace/Add Trace"命令下,增益分析变量表达式为"V[RL:2]/V[Vi:+]",即电压增益. 使用标尺测量中频增益 A_V、下截止频率 f_L、上截止频率 f_H.

2. 放大器输入阻抗的频率特性

"Trace/Add Trace"命令下,输入阻抗分析变量表达式为"V[Vi:+]/I[Vi]",即信号源电压与电流之比. 使用标尺测量中频处输入阻抗.

3. 放大器输出阻抗的频率特性

将放大器输入端的电压信号源用短路线代替,负载换为信号源"Vt:VAC".

"Trace/Add Trace"命令下,分析变量表达式为"V[Vt:+]/I[Vt]",即信号源电压与电流之比. 使用标尺测量中频处输出阻抗.

4. 电容元件参数对放大器增益频率特性的影响*

分别单独改变耦合电容或射极旁路电容,研究放大器的增益频率特性,分析电容元件参数的改变对放大器下截止频率 f_L 的影响.

1.2.2.2 绝缘栅型场效应管共源放大器分析

实验电路如图 1-2-3(a)所示,场效应管 M2N6660 属于 PWRMOS 元件库.

一、瞬态分析

信号源为正弦电压源 V_{SIN}(V_{OFF} = 0 V, V_{AMPL} = 5 ~ 80 mV, FREQ = 10 kHz).

仿真设置为"Time Domain(Transient): Run to(11 ms), Start saving data (10 ms), Maximum step(0.001 ms)".

(1) 测量放大器的静态工作点 I_{DQ}, V_{GSQ}.
(2) 在放大器输出不失真条件下测量放大器的中频增益 A_V.
(3) 改变输入正弦信号的幅度,测量放大器的最大不失真输出范围 V_{opp}.
(4) 改变源极偏置电阻 R_S 为 1 kΩ 或 100 Ω,分别测量上述 3 类参数*.

二、交流扫描分析

源极偏置电阻 R_S 仍为 220 Ω. 信号源为扫频正弦电压源 V_{AC}(5 mVac, 0 Vdc).

仿真设置为"AC Sweep/Noise: Logarithmic (Decade), Start (1 Hz), End (100 MHz), Point/Decade(100)".

1. 放大器增益的频率特性

"Trace/Add Trace"命令下,增益分析变量表达式为"V[RL:2]/V[Vi:+]",即电压增益.使用标尺测量中频增益 A_V、下截止频率 f_L、上截止频率 f_H.

2. 放大器输入阻抗的频率特性

"Trace/Add Trace"命令下,输入阻抗分析变量表达式为"V[Vi:+]/I[Vi]",即信号源电压与电流之比.使用标尺测量中频处输入阻抗.

3. 放大器输出阻抗的频率特性

将放大器输入端的电压信号源用短路线代替,负载换为信号源 Vt:VAC.

"Trace/Add Trace"命令下,分析变量表达式为"V[Vt:+]/I[Vt]",即信号源电压与电流之比.使用标尺测量中频处输出阻抗.

4. 电容元件参数对放大器增益频率特性的影响*

分别改变耦合电容、源极旁路电容,研究放大器的增益频率特性,分析电容元件参数的改变对放大器下截止频率 f_L 的影响.

1.2.2.3 实验数据记录

一、双极型管单级共射放大器分析

1. 瞬态分析

射极电阻 R_E(kΩ)	静态工作点		中频增益 A_V	最大不失真输入与输出范围	
	I_{CQ}(mA)	V_{CEQ}(V)		V_{ipp}(mV)	V_{opp}(V)
0.43					
0.30					
0.91					

2. 交流扫描分析

旁路与耦合电容			中频增益 A_V	截止频率		输入与输出阻抗	
C_E(μF)	C_1(μF)	C_2(μF)		f_L(Hz)	f_H(MHz)	r_i(kΩ)	r_o(kΩ)
220	47	47					
220	4.7	47	//////		//////	//////	//////
220	47	4.7	//////		//////	//////	//////
22	47	47	//////		//////	//////	//////

二、绝缘栅型场效应管单级共源放大器分析

1. 瞬态分析

源极电阻 $R_S(\text{k}\Omega)$	静态工作点			中频增益 A_V	最大不失真输入与输出范围	
	$V_{GSQ}(\text{V})$	$I_{DQ}(\text{mA})$	$V_{DSQ}(\text{V})$		$V_{ipp}(\text{mV})$	$V_{opp}(\text{V})$
0.220						
1.000						
0.100						

2. 交流扫描分析

旁路与耦合电容			中频增益 A_V	截止频率		输入与输出阻抗	
$C_S(\mu\text{F})$	$C_1(\mu\text{F})$	$C_2(\mu\text{F})$		$f_L(\text{Hz})$	$f_H(\text{MHz})$	$r_i(\text{k}\Omega)$	$r_o(\text{k}\Omega)$
62	10	10					
62	1	10	//////	//////	//////	//////	//////
62	10	1	//////	//////	//////	//////	//////
6.2	10	10	//////	//////	//////	//////	//////

§1.3 晶体管多级放大器的分析

通过本实验理解共射-共基-共集放大电路的工作原理以及各自频率特性、输入输出阻抗的特点. 掌握使用瞬态分析来测量系统的输入输出阻抗的方法.

1.3.1 实验原理

由多级放大器组成的电路, 系统增益为各级电路增益的乘积, 系统输出相位为各级电路相位的和, 系统频带宽度总是小于系统内任何一级放大器的频带宽度. 如果各级电路增益为 $A_1, A_2, \cdots, A_n$, 上截止频率为 $f_{H1}, f_{H2}, \cdots, f_{Hn}$, 下截止频率为 $f_{L1}, f_{L2}, \cdots, f_{Ln}$, 那么由 n 级放大器组成的系统增益 A 为

$$A = \prod_{k=1}^{n} A_k \qquad (1.3.1)$$

系统上截止频率 f_H 估计为

$$f_H \approx \frac{1}{\sqrt{\sum_{k=1}^{n} \frac{1}{f_{Hk}^2}}} \quad (1.3.2)$$

系统下截止频率 f_L 估计为

$$f_L \approx \sqrt{\sum_{k=1}^{n} f_{Lk}^2} \quad (1.3.3)$$

图 1-3-1 为晶体管共射-共基-共集三级放大电路. 系统第一级为共射放大器, 其负载为第二级共基放大器的输入阻抗 r_{i2}. 由于共基放大放大器的输入阻抗很小, 因而第一级共射放大器的电压增益不大, 而输出电流 i_{o1} 较可观, 因此第一级表示为跨导增益 ($A_{G1} = i_{o1}/v_{i1}$).

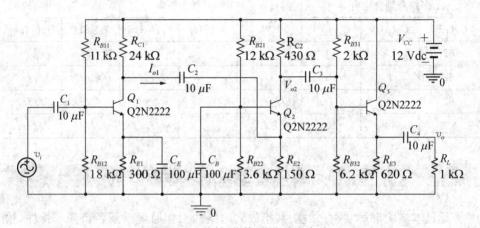

图 1-3-1 共射-共基-共集放大电路

另外, 由于第一级放大器的负载很小, 削弱了晶体管结电容 $C_{b'c}$ 的 Miller 效应, 提高了放大器的上截止频率, 因此第一级放大器具有较宽的频带.

相对于前级共射放大电路的集电极电阻 R_{C1}, 第二级共基放大器的输入阻抗 r_{i2} 很小, 前级共射电路的输出近似理想电流源. 输入电流被第二级共基电路转换为电压信号, 输出至第三级共集放大电路. 第二级增益表示为跨阻增益 ($A_{R2} = v_{o2}/i_{o1}$).

第二级共基放大器频带的窄与宽主要取决于本级等效负载, 即第三级共集放大电路的输入阻抗与本级集电极电阻 R_{C2} 并联值的大与小.

第三级共集放大电路的输出阻抗很低, 电压增益 ($A_{V3} = v_o/v_{o2}$) 小于但接近于 1. 因此, 对于系统的负载 R_L, 共集放大电路的输出近似理想电压源.

第三级共集放大电路的频带宽度主要取决于晶体管的基区体电阻 $r_{bb'}$ 以及集电结电容 $C_{b'c}$,当这两个晶体管参数比较小时,共集放大电路的频带宽度很宽.

1.3.1.1 共射放大器特性

图 1-3-2 为第一级共射放大器高频等效电路.

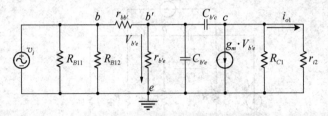

图 1-3-2 共射放大器高频等效电路

当后级负载 r_{i2} 较大即 $R_{C1} // r_{i2} \gg 1/g_m$ 时,共射放大器跨导增益为

$$A_{G1} = \frac{i_{o1}}{v_i} \approx -\frac{g_m \cdot r_{b'e}}{r_{bb'} + r_{b'e}} \cdot \frac{R_{C1}}{R_{C1} + r_{i2}} \cdot \frac{1}{1 + j \cdot \omega \cdot (1 + g_m \cdot r_{bb'} // r_{b'e}) \cdot R_{C1} // r_{i2} \cdot C_{b'c}} \quad (1.3.4)$$

当后级负载 r_{i2} 很小即 $R_{C1} // r_{i2} \ll 1/g_m$ 时,共射放大器跨导增益为

$$A_{G1} = \frac{i_{o1}}{v_i} \approx -\frac{g_m \cdot r_{b'e}}{r_{bb'} + r_{b'e}} \cdot \frac{R_{C1}}{R_{C1} + r_{i2}} \cdot \frac{1}{1 + j \cdot \omega \cdot r_{bb'} // r_{b'e} \cdot (C_{b'e} + C_{b'c})} \quad (1.3.5)$$

一般情况下,$r_{bb'} \ll r_{b'e}$.因此,共射放大器中频跨导增益为

$$A_{G1m} \approx -g_m \cdot \frac{R_{C1}}{R_{C1} + r_{i2}} = -\frac{I_{CQ1}}{V_T} \cdot \frac{R_{C1}}{R_{C1} + r_{i2}} \quad (1.3.6)$$

共射放大器上截止频率为

$$f_{H1} \approx \begin{cases} \dfrac{1}{2\pi \cdot (1 + g_m \cdot r_{bb'}) \cdot R_{C1} // r_{i2} \cdot C_{b'c}}, & \text{设} \quad R_{C1} // r_{i2} \gg \dfrac{1}{g_m} \\ \dfrac{1}{2\pi \cdot r_{bb'} \cdot (C_{b'e} + C_{b'c})}, & \text{设} \quad R_{C1} // r_{i2} \ll \dfrac{1}{g_m} \end{cases} \quad (1.3.7)$$

后级放大器为共基电路,满足 $R_{C1} // r_{i2} \ll 1/g_m$.因此 f_{H1} 可达 10^2 MHz

数量级.

1.3.1.2 共基放大器特性

图 1-3-3 为第二级共基放大器高频等效电路.

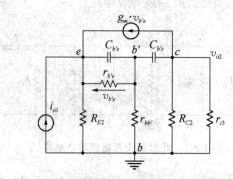

图 1-3-3 共基放大器高频等效电路

当 $r_{bb'} \ll R_{E2}$，$r_{b'e}$，$R_{C2} /\!/ r_{i3}$ 时，共基放大器跨阻增益为

$$A_{R2} = \frac{v_{o2}}{i_{o1}} \approx \frac{g_m \cdot r_{b'e} \cdot R_{E2} \cdot R_{C2} /\!/ r_{i3}}{r_{bb'} + r_{b'e} + (1 + g_m \cdot r_{b'e}) \cdot R_{E2}} \cdot \frac{1}{1 + \mathrm{j} \cdot \omega \cdot R_{C2} /\!/ r_{i3} \cdot C_{b'c}} \tag{1.3.8}$$

共基放大器中频跨阻增益为

$$A_{R2m} \approx R_{C2} /\!/ r_{i3} \tag{1.3.9}$$

共基放大器上截止频率为

$$f_{H2} = \frac{1}{2\pi \cdot R_{C2} /\!/ r_{i3} \cdot C_{b'c}} \tag{1.3.10}$$

共基放大器中频输入阻抗为

$$r_{i2} = R_{E2} /\!/ \frac{r_{bb'} + r_{b'e}}{1 + g_m \cdot r_{b'e}} \approx \frac{1}{g_m} = \frac{V_T}{I_{CQ2}} \tag{1.3.11}$$

输入阻抗很小，为 $10^0 \sim 10^1$ Ω 数量级.

1.3.1.3 共集放大器特性

图 1-3-4 为第三级共集放大器高频等效电路.

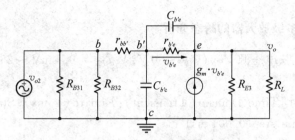

图 1-3-4 共集放大器高频等效电路

由于 $r_{bb'} \ll R_{E3} \mathbin{/\mkern-6mu/} R_L$，$r_{b'e} \ll (1+g_m \cdot r_{b'e})R_{E3} \mathbin{/\mkern-6mu/} R_L$，因此共集放大器电压增益为

$$A_{V3} = \frac{v_o}{v_{o2}} \approx \frac{(1+g_m \cdot r_{b'e}) \cdot R_{E3} \mathbin{/\mkern-6mu/} R_L}{r_{bb'} + r_{b'e} + (1+g_m \cdot r_{b'e}) \cdot R_{E3} \mathbin{/\mkern-6mu/} R_L} \cdot \frac{1}{1+j\omega \cdot r_{bb'} \cdot C_{b'c}} \quad (1.3.12)$$

共集放大器中频电压增益为

$$A_{V3m} \approx 1 \quad (1.3.13)$$

共集放大器上截止频率为

$$f_{H3} \approx \frac{1}{2\pi \cdot r_{bb'} \cdot C_{b'c}} \quad (1.3.14)$$

共集放大器上截止频率非常高，可达 $10^2 \sim 10^3$ MHz 数量级.

共集放大器中频输入阻抗为

$$r_{i3} = R_{B31} \mathbin{/\mkern-6mu/} R_{B32} \mathbin{/\mkern-6mu/} (r_{bb'} + r_{b'e} + (1+g_m \cdot r_{b'e}) \cdot R_{E3} \mathbin{/\mkern-6mu/} R_L) \quad (1.3.15)$$

共集放大器中频输出阻抗为

$$r_o = R_{E3} \mathbin{/\mkern-6mu/} \frac{r_{bb'} + r_{b'e}}{1+g_m \cdot r_{b'e}} \approx \frac{1}{g_m} = \frac{V_T}{I_{CQ3}} \quad (1.3.16)$$

输出阻抗很小，为 $10^0 \sim 10^1$ Ω 数量级.

1.3.2 实验内容

实验电路如图 1-3-1 所示.

1.3.2.1 多级放大器的瞬态分析

信号源为正弦电压源 $V_{SIN}(V_{OFF}=0\,\text{V}, V_{AMPL}=0.1\,\text{mV}\sim 25\,\text{mV}, \text{FREQ}=10\,\text{kHz})$。

仿真设置为"Time Domain(Transient):Run to(1 ms),Start saving data (0 ms),Maximum step(0.001 ms)"。

1. 放大器的输入输出动态范围分析

逐步改变系统输入幅度 V_{AMPL} 值,测量各级放大器以及放大系统的最大不失真输入与输出范围.

2. 放大器的中频增益分析

系统输入幅度定为 $V_{AMPL}=10\,\text{mV}$,测量各级放大器以及放大系统的中频增益.

3. 系统的输入阻抗分析

采用§1.10所介绍的测量放大器输入阻抗实验方法,详见"1.10.2 放大器输入阻抗 r_i 的测试".在系统输入信号幅度不变、系统输出波形不失真条件下,通过在信号源与系统输入端是否串联已知电阻,分别测量系统输出波形峰峰值,以求得系统的输入阻抗.

4. 系统的输出阻抗分析

采用§1.10所介绍的测量放大器输出阻抗实验方法,详见"1.10.1.3 放大器输出电阻 r_o 的测试".在系统输入信号幅度不变、系统输出波形不失真条件下,通过在系统输出端是否并联已知负载电阻,分别测量系统输出波形峰峰值,以求得系统的输出阻抗.

1.3.2.2 多级放大器的交流分析[*]

输入信号源为扫频正弦电压源 $V_{AC}(10\,\text{mVac}, 0\,\text{Vdc})$.

仿真设置为"AC Sweep/Noise:Logarithmic(Decade), Start(10 Hz), End (100 GHz), Point/Decade(100)".

1. 增益频率特性的交流分析

通过增益~频率特性曲线,分别测量各级放大器以及系统的中频增益、下截止频率、上截止频率.

对于第一级共射放大电路,分析变量表达式为"I[C2]/V[Vi:+]",即跨导增益.

对于第二级共基放大电路,分析变量表达式为"V[Q2:C]/I[C2]",即跨阻增益.

对于第三级共集放大电路,分析变量表达式为"V[RL:2]/V[Q2:C]",即电压增益.

对于整个放大系统,分析变量表达式为"V[RL:2]/V[Vi:+]",即电压增益.

2. 输入阻抗频率特性的交流分析

通过输入阻抗～频率特性曲线,分别测量第二级、第三级放大电路的输入阻抗.

对于第二级共基放大电路,分析变量表达式为输入电压与电流之比"V[Q1:C]/I[C2]".

对于第三级共集放大电路,分析变量表达式为输入电压与电流之比"V[Q2:C]/I[C3]".

输入阻抗的测量,应该在中频处.

1.3.2.3 实验数据记录

一、多级放大器动态范围与中频增益的瞬态分析

电路	动态范围测量				中频增益测量						
	输入		输出		输入		输出		增益		
	V_{ipp} (V)	I_{ipp} (mA)	V_{opp} (V)	I_{opp} (mA)	v_i (V)	i_i (mA)	v_o (V)	i_o (mA)	A_V	A_G (mS)	A_R (kΩ)
共射		//////	//////		10 m	//////	//////		//////		//////
共基	//////		//////	//////			//////	//////	//////		
共集		//////	//////		//////		//////			//////	
系统		//////		//////	10 m	//////	//////			//////	//////

二、多级放大器系统输入阻抗与输出阻抗的瞬态分析

输入阻抗测量				输出阻抗测量			
标准电阻	输入端未串联	输入端串联	输入阻抗计算	标准负载	输出端未并联	输出端并联	输出阻抗计算
R_n (kΩ)	v_{o1} (V)	v_{o2} (V)	r_i (kΩ)	r_L (Ω)	v_{L1} (V)	v_{L2} (V)	r_o (Ω)

三、多级放大器的交流分析

电路	中频增益测量			截止频率与带宽测量			阻抗测量
	A_V	$A_G(\text{mS})$	$A_R(\text{k}\Omega)$	$f_L(\text{Hz})$	$f_H(\text{MHz})$	$B(\text{MHz})$	$r_i(\text{k}\Omega)$
共射	/////////		/////////				/////////
共基	/////////	/////////					
共集		/////////	/////////				
系统		/////////					/////////

§1.4 差动放大电路的分析

通过本实验理解差动放大器的工作原理,了解差动放大器的设计方法.掌握放大器特性观察与参数测量的方法.

1.4.1 实验原理

1.4.1.1 基本型差动放大器

图 1-4-1 为基本型差动放大器原理图.电路采用对称结构,具有很好的抑制共模能力.

电路系统的输入信号包括共模信号 V_{ic} 与差模信号 V_{id} 两部分.

工作环境对电路的影响,如环境温度的变化、电磁干扰、直流偏置电源的波动等,由此产生的干扰信号对于两个晶体管 Q_1 与 Q_2 的作用是相同的,即具有相同的幅度与相位,称为共模信号.将其等效换算至系统输入端,为共模输入信号 V_{ic}.由于共模信号对于两个晶体管 Q_1 与 Q_2 的作用"完全"相同,由此产生的晶体管集电极电流与电压也相同,因此系统输出电压 V_o 必定为零.因此,双端输出的差动放大器能够"完全"抑制共模信号.

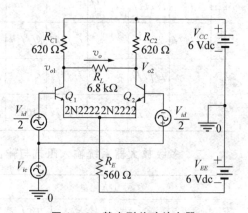

图 1-4-1 基本型差动放大器

差模信号是指幅度相同、相位相反的一对信号,是人为产生的有用信号.差模信号输入信号 V_{id} 使两个晶体管 Q_1 与 Q_2 产生相位相反的集电极电流与电压,产生比差模小信号 V_{ic} 大得多的输出电压 V_o.

一、基本型差动放大器的双端输出方式

差模电压增益绝对值为

$$A_{Vd} = \left| \frac{V_{od}}{V_{id}} \right| = \frac{\beta \cdot R_C // \frac{R_L}{2}}{r_{be}} \approx \frac{I_{CQ}}{V_T} \cdot R_C // \frac{R_L}{2} \quad (1.4.1)$$

输出阻抗为

$$r_{od} = 2 \cdot R_C \quad (1.4.2)$$

共模电压增益绝对值为

$$A_{Vc} = \left| \frac{V_{oc}}{V_{ic}} \right| = 0 \quad (1.4.3)$$

共模抑制比为

$$CMRR = 20 \lg \left| \frac{A_{Vd}}{A_{Vc}} \right| = \infty \quad (1.4.4)$$

二、基本型差动放大器的单端输出方式

差模电压增益(观察 V_{o1} 端)绝对值为

$$A_{Vd} = \left| \frac{V_{od1}}{V_{id}} \right| = \frac{\beta \cdot R_C // \frac{R_L}{2}}{2 \cdot r_{be}} \approx \frac{I_{CQ}}{2 \cdot V_T} \cdot R_C // \frac{R_L}{2} \quad (1.4.5)$$

输出阻抗为

$$r_{od} = R_C \quad (1.4.6)$$

共模电压增益绝对值为

$$A_{Vc} = \left| \frac{V_{oc1}}{V_{ic}} \right| = \frac{\beta \cdot R_C // \frac{R_L}{2}}{r_{be} + 2(\beta+1) \cdot R_E} \quad (1.4.7)$$

共模抑制比为

$$CMRR = 20 \lg \left| \frac{A_{Vd}}{A_{Vc}} \right| = 20 \lg \left(\frac{1}{2} + (\beta+1) \cdot \frac{R_E}{r_{be}} \right) \approx 20 \lg \left(\frac{1}{2} + \frac{R_E}{V_T} \cdot I_{CQ} \right)$$

$$(1.4.8)$$

三、基本型差动放大器的输入阻抗

差模输入阻抗为

$$r_{id} = 2 \cdot r_{be} \tag{1.4.9}$$

共模输入阻抗为

$$r_{id} = r_{be} + 2(\beta+1) \cdot R_E \tag{1.4.10}$$

1.4.1.2 恒流源型差动放大器

图 1-4-2 为恒流源型差动放大器原理图. 由式(1-4-8)可知,增大发射极偏置电阻 R_E 可提高共模抑制比 $CMRR$. 恒流源具有极大动态阻抗的特点,采用恒流源代替基本型结构中的发射极偏置电阻 R_E,能够显著地提高电路的共模抑制能力.

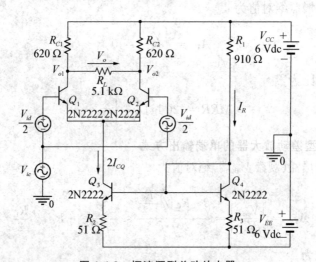

图 1-4-2 恒流源型差动放大器

一、镜像电流源

晶体管 Q_3 和 Q_4 以及电阻 R_1, R_2, R_3 组成镜像电流源. 镜像电流源的参考电流 I_R 可通过 R_1, Q_4, R_3 回路,求得

$$I_R \approx \frac{V_{CC} + V_{EE} - V_{BEQ}}{R_1 + R_3} \tag{1.4.11}$$

晶体管 Q_3 的集电极电流即 $2I_{CQ}$ 与参考电流 I_R 的关系为

$$2 \cdot I_{CQ} \approx \frac{R_3}{R_2} \cdot I_R \tag{1.4.12}$$

第1篇 模拟电子学基础实验

因此,只要恰当调整 R_2 与 R_3 的比例,即可获得所需晶体对管的静态偏置电流 I_{CQ}。

二、恒流源型差动放大器的设计

对于如图 1-4-2 所示电路形式,根据系统设计指标要求,确定电路中所有的电阻数值。

假定要求放大器指标:电压增益 $A_V = 100$,不失真输出动态范围 $V_{opp} \geqslant 10\,\text{V}$;输入信号峰峰值 $V_{ipp} = 10 \sim 50\,\text{mV}$,负载阻抗 $R_L = 10\,\text{k}\Omega$,直流偏置电源电压 $V_{CC} = 6\,\text{V}$,$V_{EE} = -6\,\text{V}$;晶体管参数 $\beta = 200$,$r_{bb'} = 100\,\Omega$,$V_{CES} = 1\,\text{V}$。

放大器的设计步骤如下:

步骤一 放大部分的设计

单端输出动态范围 V'_{opp} 为双端输出动态范围 V_{opp} 的一半,即

$$V'_{opp} = \frac{1}{2}V_{opp} = \frac{1}{2} \times 10 = 5(\text{V}) \tag{1.4.13}$$

晶体管 Q_1 或 Q_2 的静态工作点 Q 应该置于动态负载线中点,即

$$V_{CEQ} = V_{CES} + \frac{1}{2}V'_{opp} = 1 + \frac{1}{2} \times 5 = 3.5(\text{V}) \tag{1.4.14}$$

由输出回路,有

$$R_C \cdot I_{CQ} + V_{CEQ} = V_{CC} + V_{BEQ} \tag{1.4.15}$$

单端输出差模电压增益绝对值为双端输出增益的一半,即

$$A'_{Vd} = \frac{1}{2}A_{Vd} = \frac{I_{CQ}}{2V_T} \cdot R_C \mathbin{/\mkern-6mu/} \frac{R_L}{2} \tag{1.4.16}$$

可由式(1.4.15)、式(1.4.16)解得 R_C 和 I_{CQ}:

$$\begin{aligned} R_C &= \left(\frac{V_{CC} + V_{BEQ} - V_{CEQ}}{A_V \cdot V_T} - 1\right) \cdot \frac{R_L}{2} \\ &= \left(\frac{6 + 0.7 - 3.5}{100 \times 0.026} - 1\right) \times \frac{10}{2} = 1.154 \approx 1.2(\text{k}\Omega) \end{aligned} \tag{1.4.17}$$

$$I_{CQ} = \frac{V_{CC} + V_{BEQ} - V_{CEQ}}{R_C} = \frac{6 + 0.7 - 3.5}{1.2} = 2.6667(\text{mA}) \tag{1.4.18}$$

步骤二 电流源部分的设计

将镜像电流设置成与参考电流相等,即

$$I_R = 2 \cdot I_{CQ} = 2 \times 2.6667 = 5.3333(\text{mA}) \tag{1.4.19}$$

则 R_2 与 R_3 的比值为 1,取

$$R_2 = R_3 = 51(\Omega) \tag{1.4.20}$$

那么参考电阻 R_1 值为

$$R_1 = \frac{V_{CC} - V_{EE} - V_{BEQ}}{I_R} - R_3 = \frac{6-(-6)-0.7}{5.3333} - 0.051 = 2.07 \approx 2(\mathrm{k}\Omega) \tag{1.4.21}$$

1.4.1.3 有源负载型差动放大器

图 1-4-3 为有源负载型差动放大器原理图. 由于双端输出形式的差动放大器具有很高的共模抑制比 CMRR,因此利用镜像恒流源作为差分对管 Q_1 与 Q_2 的有源负载,实现双端输出形式的单端化,以便与下级系统的连接.

如图 1-4-3 所示的有源负载型差动放大器使用 Q_3Q_4,Q_5Q_6,Q_7Q_8 3 对镜像恒流源.参考电阻 R_1 决定参考电流 I_R 数值,镜像恒流源 Q_3Q_4,Q_5Q_6 以 I_R 作为参考,分别提供差分对管 Q_1Q_2 的静态工作点电流 $2I_{CQ}$ 以及负载 R_L 的静态电流.

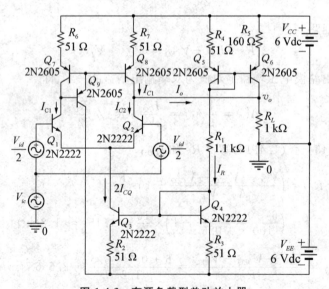

图 1-4-3 有源负载型差动放大器

一、有源负载

有源负载由镜像电流源 Q_7Q_8 组成,晶体管 Q_9 代替了连接 Q_7 基极与集电极

之间的短路线,在 $R_6 = R_7$ 时, Q_9 连接方式能够显著减少短路线形式对 Q_7 集电极电流的分流,使 I_{C1} 与 I_{C8} 更接近.

$$I_{C8} = \frac{\beta \cdot (\beta+1)}{\beta \cdot (\beta+1)+2} \cdot I_{C1} \approx I_{C1} \quad (1.4.22)$$

由 Q_1 与 Q_8 集电极连至负载电阻 R_L 的支路电流为

$$I_o = I_{C1} - I_{C2} \quad (1.4.23)$$

当系统差模输入为零时,差分对管 Q_1 与 Q_2 的集电极电流 I_{C1}, I_{C2} 完全相等,其中包括了差分对管 Q_1 与 Q_2 的静态工作点电流 I_{CQ} 以及共模信号电流.因此 $I_o = 0$,系统能够对共模信号进行充分抑制.

当系统有差模输入时,差分对管 Q_1 与 Q_2 的集电极电流 I_{C1}, I_{C2} 包括了放大的差模信号电流,它们幅度相等、相位相反,因此 I_o 为双倍的单管信号输出电流.这样,镜像电流源 Q_7Q_8 组成的有源负载实现了双端输出形式的单端化.

二、镜像恒流源 Q_5Q_6 的作用

负载电阻 R_L(系统输出 V_o)端的直流静态工作点电压必须处于 $-0.7 \sim 6$ V 之间,最好设置为 3 V,否则系统输出 V_o 动态范围过小.镜像恒流源 Q_5Q_6 为负载电阻 R_L 提供静态偏置电流,使之维持 3 V 静态工作点电压.

三、系统差模增益

系统差模输出电流为

$$I_{od} = 2\frac{\beta}{r_{be}} \cdot \frac{V_{id}}{2} \approx \frac{I_{CQ}}{V_T} \cdot V_{id} \quad (1.4.24)$$

系统差模电压增益为

$$A_{Vd} = \frac{R_L \cdot I_{od}}{V_{id}} \approx \frac{R_L}{V_T} \cdot I_{CQ} \quad (1.4.25)$$

差分对管 Q_1 与 Q_2 的静态工作点电流 I_{CQ} 由参考电阻 R_1 决定.至此,可见有源负载型差动放大器的差模增益、静态工作点电流等与晶体管参数的相关程度很低,这有利于系统增益的稳定.

四、有源负载型差动放大器的设计

对于如图 1-4-3 所示电路形式,根据系统设计指标要求,确定电路中所有的电阻数值.

假定要求放大器指标:电压增益 $A_V = 200$,不失真输出动态范围 $V_{opp} \approx 6$ V;输入信号峰峰值为 $V_{ipp} = 1 \sim 10$ mV,负载阻抗为 $R_L = 1$ kΩ,直流偏置电源电压

$V_{CC} = 6\,\text{V}, V_{EE} = -6\,\text{V}$.

放大器的设计步骤如下:

步骤一 差分对管 Q_1 与 Q_2 的静态工作点电流

由式(1.4.25)可得差分对管 Q_1 与 Q_2 的静态工作点电流:

$$I_{CQ} = \frac{A_{Vd} \cdot V_T}{R_L} = \frac{200 \times 0.026}{1} = 5.2(\text{mA}) \tag{1.4.26}$$

镜像恒流源 $Q_3 Q_4$ 电流为

$$I_{C3} = 2 \cdot I_{CQ} = 2 \times 5.2 = 10.4(\text{mA}) \tag{1.4.27}$$

步骤二 镜像恒流源 $Q_5 Q_6$ 电流

为使系统不失真输出动态范围 $V_{opp} \approx 6\,\text{V}$,负载电阻 R_L(系统输出 V_o)端的直流静态工作点电压设置为 3 V. 因此,镜像恒流源 $Q_5 Q_6$ 电流为

$$I_{C6} = \frac{3}{R_L} = \frac{3}{1} = 3(\text{mA}) \tag{1.4.28}$$

步骤三 镜像恒流源 $Q_3 Q_4$,$Q_5 Q_6$,$Q_7 Q_8$ 的电阻确定

参考电流 I_R 设置为

$$I_R = I_{C3} = 10.4(\text{mA}) \tag{1.4.29}$$

镜像恒流源 $Q_3 Q_4$ 的电阻设置为相等,

$$R_2 = R_3 = 51(\Omega) \tag{1.4.30}$$

镜像恒流源 $Q_5 Q_6$ 的电阻设置为

$$R_4 = 51(\Omega) \tag{1.4.31}$$

$$R_5 = \frac{I_R}{I_{C6}} \cdot R_4 = \frac{10.4}{3} \times 51 = 176.8 \approx 180(\Omega) \tag{1.4.32}$$

$$R_1 = \frac{V_{CC} - V_{EE} - 2 \cdot V_{BEQ}}{I_R} - (R_3 + R_4)$$

$$= \frac{6-(-6)-2 \times 0.7}{10.4} - (0.051 + 0.051) = 0.917 \approx 910(\Omega) \tag{1.4.33}$$

镜像恒流源 $Q_7 Q_8$ 的电阻设置为

$$R_6 = R_7 = 51\,\Omega \tag{1.4.34}$$

1.4.2 实验内容

NPN 晶体管 Q2N2222、PNP 晶体管 Q2N2605 属于 BIPOLAR 元件库.

1.4.2.1 差动放大器的瞬态分析

信号源为正弦电压源 V_{SIN} ($V_{OFF} = 0\text{ V}$, $V_{AMPL} = 1\text{ mV} \sim 1\text{ V}$, $FREQ = 1\text{ Hz}$).
仿真设置为"Time Domain(Transient):Run to(5 s),Start saving data(0 s),Maximum step(0.005 s)".

1. 差动放大电路的最大动态范围

测量双端与单端输出方式的基本型(图 1-4-1)、恒流源型(图 1-4-2)、有源负载型(图 1-4-3)差动放大电路在输入差模信号频率为 1 Hz 时,最大不失真输入与输出范围.

2. 差动放大电路的差模增益、共模增益、共模抑制比

输入信号频率为 1 Hz. 测量双端与单端输出方式的基本型(图 1-4-1)、恒流源型(图 1-4-2)、有源负载型(图 1-4-3)差动放大电路的差模增益、共模增益、共模抑制比.

3. 镜像电流源的特性[*]

恒流源型差动放大电路(图 1-4-2)的输入信号频率为 1 Hz. 当电阻 R_2 与 R_3 都为 51 Ω 或都为 0.01 Ω 时,分别测量 $Q_3 Q_4$ 镜像电流源电流 I_{C3} 的波动幅度 ΔI_{C3} 以及恒流源型差动放大电路单端输出方式的差模增益、共模增益、共模抑制比. 尝试分析电阻 R_2 与 R_3 除了镜像电流分配比以外的作用.

1.4.2.2 差动放大器的交流扫描分析[*]

系统为有源负载型(图 1-4-3)差动放大电路,共模输入信号源为零,差模输入信号源为扫频正弦电压源 V_{AC} (5 mVac, 0 Vdc), R_2 分别取为 51 Ω 与 100 Ω.
仿真设置为"AC Sweep/Noise:Logarithmic(Decade),Start(1 Hz),End(100 MHz),Point/Decade(100)".

1. 放大器差模增益的频率特性

"Trace/Add Trace"命令下,增益分析变量表达式为"V[RL:2]/V[Vid:+]",即电压增益. 使用标尺测量中频(1 Hz)增益 A_{Vd}、上截止频率 f_H.

2. 放大器输入阻抗的频率特性

"Trace/Add Trace"命令下,输入阻抗分析变量表达式为"V[Vi:+]/I[Vid]",即信号源电压与电流之比. 使用标尺测量中频(1 Hz)处输入阻抗 r_i.

3. 放大器输出阻抗的频率特性

将放大器输入端的电压信号源用短路线代替，负载换为信号源 Vt:VAC。

"Trace/Add Trace"命令下，分析变量表达式为"V[Vt:+]/I[Vt]"，即信号源电压与电流之比。使用标尺测量中频(1 Hz)处输出阻抗 r_o。

1.4.2.3 实验数据记录

一、差动放大电路的瞬态分析

差动电路类型	测量项目 输出方式	不失真动态范围		差模增益			共模增益			共模抑制比
		V_{ipp} (mV)	V_{opp} (V)	V_{id} (mV)	V_{od} (V)	A_{Vd}	V_{ic} (V)	V_{oc} (mV)	A_{Vc} (10^{-3})	CMRR (dB)
基本型	双端			10			0.5			
	单端			10			0.5			
恒流源型	双端			10			0.5			
	单端			10			0.5			
有源负载型				10			0.5			

二、恒流源特性的瞬态分析

条件	仅输入差模信号				仅输入共模信号				
$R_2 R_3$ (Ω)	ΔI_{C3} (μA)	V_{id} (mV)	V_{od} (V)	A_{Vd}	ΔI_{C3} (μA)	V_{ic} (V)	V_{oc} (mV)	A_{Vc} (10^{-3})	CMRR (dB)
51		10				0.5			
0.01		10				0.5			

三、差动放大器的交流扫描分析

R_2 (Ω)	中频增益 A_{Vd}	上截止频率 f_H (MHz)	输入阻抗 r_i (kΩ)	输出阻抗 r_o (kΩ)
51				
100				

§1.5 负反馈放大电路的分析

通过实验,研究负载的改变对开环和闭环放大器增益的影响,验证增益、输入阻抗、输出阻抗、带宽与反馈系数之间的关系,分析系统是否满足深度负反馈条件,以理解负反馈放大电路的工作原理,掌握利用负反馈改善电路性能的基本方法.

1.5.1 实验原理

在基本放大系统中引入负反馈,以降低放大器增益为代价,达到提高放大器性能的目的. 负反馈对放大器性能指标的影响取决于反馈组态和反馈深度的大小.

1.5.1.1 负反馈系统组态

根据在放大器输出端反馈网络对被反馈信号的取样性质,可将负反馈放大器定义为电压负反馈放大器、电流负反馈放大器. 图 1-5-1(a)和(c)所示均为电压负反馈放大器,反馈信号正比于系统输出电压 V_o. 图 1-5-1(b)和(d)所示的负反馈系统均为电流负反馈放大器,反馈信号正比于系统输出电流 I_o.

根据反馈网络在放大器输入端的连接方式,可将负反馈放大器定义为串联负反馈放大器、并联负反馈放大器. 图 1-5-1(a)和(b)所示均为串联负反馈放大器,反馈信号 V_f 与系统输入信号 V_i 进行比较的结果将调整基本放大器净输入信号 V_i' 的大小,使系统输出信号保持稳定. 图 1-5-1(c)和(d)所示均为并联负反馈放大器,反馈信号 I_f 与系统输入信号 I_i 进行比较的结果将调整基本放大器净输入信号 I_i' 的大小,使系统输出信号保持稳定.

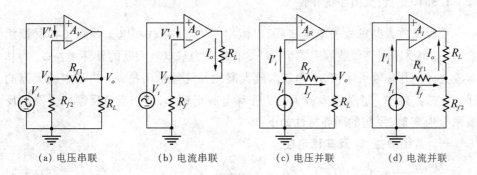

(a) 电压串联   (b) 电流串联   (c) 电压并联   (d) 电流并联

图 1-5-1 负反馈组态

一、电压串联负反馈放大器

原理性电路由图 1-5-1(a)所示。电压串联负反馈放大器的增益 A_{Vf} 以及开环基本放大器增益 A_V 均为电压增益，反馈系数 F 为反馈电压与输出电压之比：

$$A_V = V_o/V_i', \quad A_{Vf} = V_o/V_i, \quad F = V_f/V_o \tag{1.5.1}$$

二、电流串联负反馈放大器

原理性电路由图 1-5-1(b)所示。电流串联负反馈放大器的增益 A_{Gf} 以及开环基本放大器增益 A_G 均为跨导增益（S 量纲），反馈系数 F 为反馈电压与输出电流之比（Ω 量纲）：

$$A_G = I_o/V_i', \quad A_{Gf} = I_o/V_i, \quad F = V_f/I_o \tag{1.5.2}$$

三、电压并联负反馈放大器

原理性电路由图 1-5-1(c)所示。电压并联负反馈放大器的增益 A_{Rf} 以及开环基本放大器增益 A_R 均为跨阻增益（Ω 量纲），反馈系数 F 为反馈电流与输出电压之比（S 量纲）：

$$A_R = V_o/I_i', \quad A_{Rf} = V_o/I_i, \quad F = I_f/V_o \tag{1.5.3}$$

四、电流并联负反馈放大器

原理性电路由图 1-5-1(d)所示。电流并联负反馈放大器的增益 A_{If} 以及开环基本放大器增益 A_I 均为电流增益，反馈系数 F 为反馈电流与输出电流之比：

$$A_I = I_o/I_i', \quad A_{If} = I_o/I_i, \quad F = I_f/I_o \tag{1.5.4}$$

1.5.1.2 负反馈系统特性

负反馈放大器可分为电压串联、电流串联、电压并联和电流并联 4 种反馈组态。在考虑反馈网络负载效应的情况下，如果 A 为基本放大器的开环增益，r_i 为基本放大器的开环输入阻抗，r_o 为基本放大器的开环输出阻抗，f_L 为基本放大器的开环下截止频率，f_H 为基本放大器的开环上截止频率，那么当负反馈放大器的反馈系数为 F 时，系统的闭环特性如下：

一、系统增益 A_f 及其稳定性

$$A_f = \frac{A}{1 + A \cdot F} \tag{1.5.5}$$

$$\frac{\Delta A_f}{A_f} = \frac{1}{1+A \cdot F} \cdot \frac{\Delta A}{A} \tag{1.5.6}$$

即负反馈使放大器的增益下降了 $(1+A \cdot F)$ 倍,但其稳定性却提高了 $(1+A \cdot F)$ 倍.

当闭环系统满足深度负反馈条件 $(A \cdot F \gg 1)$ 时,系统增益 A_f 将与基本放大器开环增益 A 无关,仅由反馈系数 F 决定,即

$$A_f \approx \frac{1}{F} \tag{1.5.7}$$

二、输入阻抗 r_{if}

对于串联负反馈组态,系统的输入阻抗为

$$r_{if} = (1+A \cdot F) \cdot r_i \tag{1.5.8}$$

即串联负反馈使放大器的输入阻抗提高了 $(1+A \cdot F)$ 倍.

对于并联负反馈组态,系统的输入阻抗 r_{if} 为

$$r_{if} = \frac{1}{1+A \cdot F} \cdot r_i \tag{1.5.9}$$

即并联负反馈使放大器的输入阻抗下降了 $(1+A \cdot F)$ 倍.

三、输出电阻

对于电压负反馈组态,系统的输出阻抗 r_{of} 为

$$r_{of} = \frac{1}{1+A \cdot F} \cdot r_o \tag{1.5.10}$$

即电压负反馈使放大器的输出阻抗下降了 $(1+A \cdot F)$ 倍,系统更接近于理想电压源.

对于电流负反馈组态,系统的输出阻抗 r_{of} 为

$$r_{of} = (1+A \cdot F) \cdot r_o \tag{1.5.11}$$

即电流负反馈使放大器的输出阻抗提高了 $(1+A \cdot F)$ 倍,系统更接近于理想电流源.

四、通频带

负反馈能够展宽放大器的通频带,对于单极点系统,施加反馈前后系统的增益带宽乘积不变.对于多极点系统,系统的增益带宽乘积已不再维持定值,但通频

带总有所扩展.

$$f_{Lf} = \frac{f_L}{1+A \cdot F} \quad (1.5.12)$$

$$f_{Hf} = (1+A \cdot F) \cdot f_H \quad (1.5.13)$$

$$B_f = f_{Hf} - f_{Lf} \approx (1+A \cdot F) \cdot (f_H - f_L) = (1+A \cdot F) \cdot B \quad (1.5.14)$$

五、非线性失真

负反馈能够减小放大器的非线性失真. 若基本放大器出现非线性失真, 这个非线性失真的信号被反馈到输入端, 补偿原基本放大器的失真, 从而使非线性失真得到改善.

1.5.2　实验内容

1.5.2.1　电压串联负反馈放大电路的分析

图 1-5-2 为电压串联负反馈放大器电路, 图 1-5-3 为考虑反馈网络负载效应时开环基本放大电路. 通过反馈电压 v_f 调整放大器的净输入电压 v_{be1}, 以稳定放大器的输出电压 v_o.

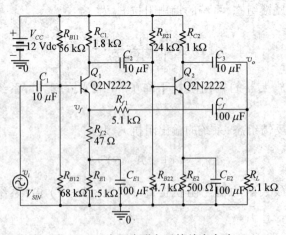

图 1-5-2　电压串联负反馈放大电路

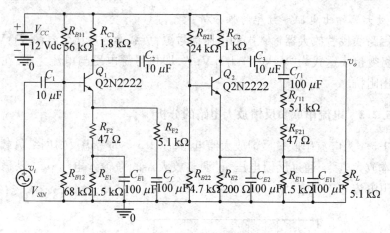

图 1-5-3 开环基本放大电路

一、负反馈放大器瞬态分析

信号源为正弦电压源 V_{SIN}($V_{OFF}=0$ V, $V_{AMPL}=1$ mV $\sim$ 50 mV, $FREQ=10$ kHz)。

仿真设置为"Time Domain(Transient): Run to(500 μs), Start saving data(0 μs), Maximum step(0.5 μs)"。

当负载为 5.1 kΩ、510 Ω 时,分别测量开环和闭环放大器的输出不失真最大动态范围、电压增益。分析负载的变化对开环和闭环放大器电压增益稳定性的影响。

二、负反馈放大器交流分析

信号源为扫频电压源 V_{AC}(0 Vdc, 1 mVac)。

仿真设置为"AC Sweep/Noise: Logarithmic(Decade), Start(1 Hz), End(100 MHz), Point/Decade(100)"。

当负载为 5.1 kΩ 时,分别测量开环和闭环放大器的中频电压增益、带宽、输入阻抗、输出阻抗。对闭环放大器,测量中频反馈系数。

1. 放大器增益～频率特性分析

分析变量表达式为"V[RL:2]/V[Vi:+]",即电压增益。可测得放大器中频增益、下截止频率、上截止频率、带宽。

2. 反馈系数～频率特性分析

分析变量表达式为"V[Q1:e]/V[RL:2]"。在中频处测量反馈系数。

3. 放大器输入电阻～频率特性分析

分析变量表达式为"V[Vi:+]/I[Vi]",即信号源电压与电流之比。在中频处测量输入阻抗。

4. 放大器输出电阻～频率特性分析

用短路线代替放大器输入端的电压信号源,负载换为电压信号源 Vt：VAC.

分析变量表达式为"V[Vt：+]/I[Vt]",即信号源电压与电流之比. 在中频处测量输出阻抗.

1.5.2.2 电流串联负反馈放大电路的分析*

图 1-5-4 为电流串联负反馈放大器电路,图 1-5-5 为考虑反馈网络负载效应时开环基本放大电路. 通过反馈电压 v_f 调整放大器的净输入电压 v_{be1},以稳定放大器的输出电流 i_o.

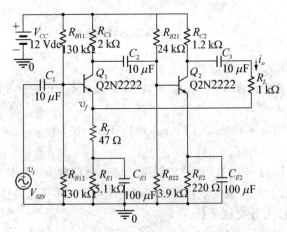

图 1-5-4 电流串联负反馈放大电路

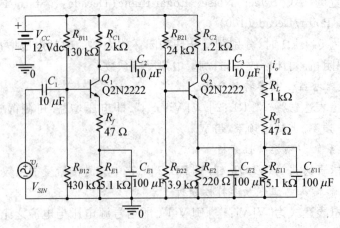

图 1-5-5 开环基本放大电路

一、负反馈放大器瞬态分析

信号源为正弦电压源 $V_{SIN}(V_{OFF} = 0\text{ V}, V_{AMPL} = 1\text{ mV} \sim 120\text{ mV}, FREQ = 10\text{ kHz})$。

仿真设置为"Time Domain(Transient):Run to(500 μs),Start saving data(0 μs),Maximum step(0.5 μs)"。

当负载为 1 kΩ、10 kΩ 时,分别测量开环和闭环放大器的输出不失真最大动态范围、跨导增益。分析负载的变化对开环和闭环放大器跨导增益稳定性的影响。

二、负反馈放大器交流分析

信号源为扫频电压源 V_{AC}(0 Vdc, 1 mVac)。

仿真设置为"AC Sweep/Noise:Logarithmic(Decade),Start(1 Hz),End(100 MHz),Point/Decade(100)"。

当负载为 1 kΩ 时,分别测量开环和闭环放大器的中频跨导增益、带宽、输入阻抗、输出阻抗。对闭环放大器,测量中频反馈系数。

1. 放大器增益~频率特性分析

分析变量表达式为"I[RL]/V[Vi:+]",即跨导增益。可测得放大器中频增益、下截止频率、上截止频率、带宽。

2. 反馈系数~频率特性分析

分析变量表达式为"V[Q1:e]/I[RL]"。在中频处测量反馈系数。

3. 放大器输入电阻~频率特性分析

分析变量表达式为"V[Vi:+]/I[Vi]",即信号源电压与电流之比。在中频处测量输入阻抗。

4. 放大器输出电阻~频率特性分析

用短路线代替放大器输入端的电压信号源,负载换为电压信号源 Vt:VAC。

分析变量表达式为"V[Vt:+]/I[Vt]",即信号源电压与电流之比。在中频处测量输出阻抗。

1.5.2.3 电压并联负反馈放大电路的分析*

图 1-5-6 为电压并联负反馈放大器电路,图 1-5-7 为考虑反馈网络负载效应时开环基本放大电路。通过反馈电流 i_f 调整放大器的净输入电流 i_{b1},以稳定放大器的输出电压 v_o。

一、负反馈放大器瞬态分析

信号源为正弦电流源 $I_{SIN}(I_{OFF} = 0\text{ A}, I_{AMPL} = 0.2\text{ μA} \sim 50\text{ μA}, FREQ = 10\text{ kHz})$。

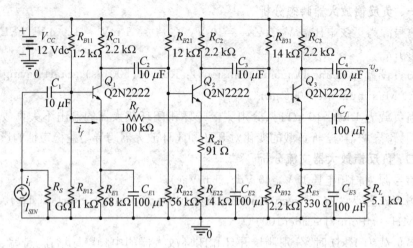

图 1-5-6 电压并联负反馈放大电路

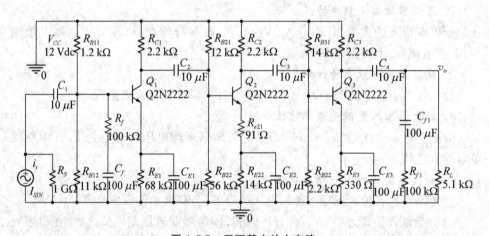

图 1-5-7 开环基本放大电路

仿真设置为"Time Domain(Transient)：Run to(500 μs)，Start saving data (0 μs)，Maximum step(0.5 μs)"。

当负载为 5.1 kΩ，510 Ω 时，分别测量开环和闭环放大器的输出不失真最大动态范围、跨阻增益。分析负载的变化对开环和闭环放大器跨阻增益稳定性的影响。

二、负反馈放大器交流分析

信号源为扫频电流源 I_{AC}(0 Adc，0.1 μAac)。

仿真设置为"AC Sweep/Noise:Logarithmic(Decade),Start(1 Hz),End(100 MHz),Point/Decade(100)".

当负载为 5.1 kΩ 时,分别测量开环和闭环放大器的中频跨阻增益、带宽、输入阻抗、输出阻抗.对闭环放大器,测量中频反馈系数.

1. 放大器增益~频率特性分析

分析变量表达式为"V[RL:2]/I[Ii]",即跨阻增益.可测得放大器中频增益、下截止频率、上截止频率、带宽.

2. 反馈系数~频率特性分析

分析变量表达式为"I[Rf]/V[RL:2]".在中频处测量反馈系数.

3. 放大器输入电阻~频率特性分析

分析变量表达式为"V[Ii:+]/I[Ii]",即信号源电压与电流之比.在中频处测量输入电阻.

4. 放大器输出电阻~频率特性分析

将放大器输入端的电流信号源删除,负载换为电压信号源 Vt:VAC.

分析变量表达式为"V[Vt:+]/I[Vt]",即信号源电压与电流之比.在中频处测量输出电阻.

1.5.2.4 电流并联负反馈放大电路的分析

图 1-5-8 为电流并联负反馈放大器电路,图 1-5-9 为考虑反馈网络负载效应时开环基本放大电路.通过反馈电流 I_f 调整放大器的净输入电流 I_{b1},以稳定放大器的输出电流 I_o.

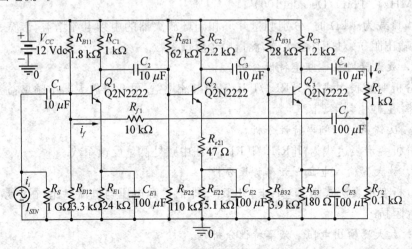

图 1-5-8 电流并联负反馈放大电路

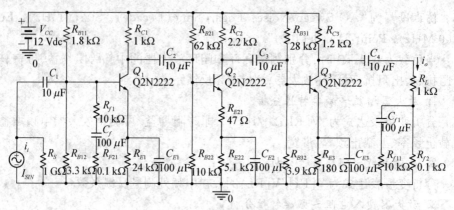

图 1-5-9 开环基本放大电路

一、负反馈放大器瞬态分析

信号源为正弦电流源 $I_{SIN}(I_{OFF}=0\,\text{A},\ I_{AMPL}=0.1\,\mu\text{A}\sim30\,\mu\text{A},\ FREQ=10\,\text{kHz})$。

仿真设置为"Time Domain(Transient)：Run to(500 μs)，Start saving data (0 μs)，Maximum step(0.5 μs)"。

当负载为 1 kΩ、10 kΩ 时，分别测量开环和闭环放大器的输出不失真最大动态范围、电流增益。分析负载的变化对开环和闭环放大器电流增益稳定性的影响。

二、负反馈放大器交流分析

信号源为扫频电流源 $I_{AC}(0\,\text{Adc},\ 0.1\,\mu\text{Aac})$。

仿真设置为"AC Sweep/Noise：Logarithmic(Decade)，Start(1 Hz)，End (100 MHz)，Point/Decade(100)"。

当负载为 1 kΩ 时，分别测量开环和闭环放大器的中频电流增益、带宽、输入阻抗、输出阻抗。对闭环放大器，测量中频反馈系数。

1. 放大器增益～频率特性分析

分析变量表达式为"I[RL]/I[Ii]"，即电流增益。可测得放大器中频增益、下截止频率、上截止频率、带宽。

2. 反馈系数～频率特性分析

分析变量表达式为"I[Rf1]/I[RL]"。在中频处测量反馈系数。

3. 放大器输入电阻～频率特性分析

分析变量表达式为"V[Ii:+]/I[Ii]"，即信号源电压与电流之比。在中频处测量输入阻抗。

4. 放大器输出电阻～频率特性分析

将放大器输入端的电流信号源删除，负载换为电压信号源 Vt：VAC。

分析变量表达式为"V[Vt:+]/I[Vt]",即信号源电压与电流之比. 在中频处测量输出阻抗.

1.5.2.5 数据记录

一、电压串联负反馈放大器分析

1. 瞬态分析

项目	反馈	闭		环	开		环
负载	$R_L(kΩ)$	5.1	0.51	$\Delta A_{Vf}/A_{Vf}(\%)$	5.1	0.51	$\Delta A_V/A_V(\%)$
动态范围	$V_{ipp}(mV)$			/////////			/////////
	$V_{opp}(V)$			/////////			/////////
电压增益	$v_i(mV)$	1	1	/////////	1	1	/////////
	$v_o(V)$			/////////			/////////
	A_{Vf}				/////////	/////////	/////////
	A_V	/////////	/////////	/////////			

2. 交流分析

项目	电压增益		频带宽度			反馈系数		阻抗	
反馈条件	A_{Vf}	A_V	f_L (Hz)	f_H (MHz)	B (MHz)	F (10^{-3})	$A_V \cdot F$	r_i (kΩ)	r_o (Ω)
闭环		/////////							
开环	/////////					/////////	/////////		

二、电流串联负反馈放大器分析

1. 瞬态分析

项目	反馈	闭		环	开		环
负载	$R_L(kΩ)$	1	10	$\Delta A_{Gf}/A_{Gf}(\%)$	1	10	$\Delta A_G/A_G(\%)$
动态范围	$V_{ipp}(mV)$			/////////			/////////
	$I_{opp}(mA)$			/////////			/////////
跨导增益	$v_i(mV)$	10	10	/////////	1	1	/////////
	$i_o(mA)$			/////////			/////////
	$A_{Gf}(mS)$				/////////	/////////	/////////
	$A_G(mS)$	/////////	/////////	/////////			

2. 交流分析

项目	跨导增益		频带宽度			反馈系数		阻抗	
反馈条件	A_{Gf} (mS)	A_G (mS)	f_L (Hz)	f_H (MHz)	B (MHz)	F (kΩ)	$A_G \cdot F$	r_i (kΩ)	r_o (kΩ)
闭环		/////////							
开环	/////////					/////////	/////////		

三、电压并联负反馈放大器分析

1. 瞬态分析

项目	反馈	闭		环	开		环
负载	R_L (kΩ)	5.1	0.51	$\Delta A_{Rf}/A_{Rf}$ (%)	5.1	0.51	$\Delta A_R/A_R$ (%)
动态范围	I_{ipp} (μA)			/////////			/////////
	V_{opp} (V)			/////////			/////////
跨阻增益	i_i (μA)	10	10	/////////	0.1	0.1	/////////
	v_o (V)			/////////			/////////
	A_{Rf} (kΩ)			/////////	/////////	/////////	/////////
	A_R (kΩ)	/////////	/////////	/////////			

2. 交流分析

项目	跨阻增益		频带宽度			反馈系数		阻抗	
反馈条件	A_{Rf} (kΩ)	A_R (kΩ)	f_L (Hz)	f_H (MHz)	B (MHz)	F (mS)	$A_R \cdot F$	r_i (Ω)	r_o (Ω)
闭环		/////////							
开环	/////////					/////////	/////////		

四、电流并联负反馈放大器分析

1. 瞬态分析

项目	反馈	闭环			开环		
负载	$R_L(\mathrm{k}\Omega)$	1	10	$\Delta A_{If}/A_{If}(\%)$	1	10	$\Delta A_I/A_I(\%)$
动态范围	$I_{ipp}(\mu\mathrm{A})$			/////////			/////////
	$I_{opp}(\mathrm{mA})$			/////////			/////////
电流增益	$i_i(\mu\mathrm{A})$	10	1	/////////	0.1	0.1	/////////
	$i_o(\mathrm{mA})$			/////////			/////////
	A_{If}				/////////	/////////	/////////
	A_I	/////////	/////////	/////////			

2. 交流分析

项目	电流增益		频带宽度			反馈系数		阻抗	
反馈条件	A_{If}	A_I	f_L (Hz)	f_H (MHz)	B (MHz)	F (10^{-3})	$A_I \cdot F$	r_i (Ω)	r_o (kΩ)
闭环		/////////							
开环	/////////					/////////	/////////		

§1.6 运算放大器及其信号处理电路的分析

通过本实验,了解运算放大器参数及特性,掌握信号处理电路原理及其设计方法.

1.6.1 实验原理

运算放大器是应用广泛的线性集成器件,具备很高的开环差模电压增益与共模抑制比、高输入阻抗及低输出阻抗、低至 0 Hz 的下截止频率以及较高的单位增益带宽. 外接适当的反馈网络可组成各种类型的信号处理电路.

1.6.1.1 运算放大器特性

理想运算放大器的开环差模电压增益 A_d、共模抑制比 $CMRR$、输入阻抗 r_i 与

上截止频率 f_H 均为 ∞,输出阻抗 r_o 与下截止频率 f_L 均为 0.

实际运算放大器的开环差模电压增益 A_d 与共模抑制比 $CMRR$ 一般为 100 dB 以上,输入阻抗 r_i 一般为 $10^{-1} \sim 10^0$ MΩ 数量级,输出阻抗 r_o 一般为 $10^{-2} \sim 10^{-1}$ kΩ 数量级,-3 dB 带宽(上截止频率)f_H 与单位增益带宽 f_C 一般分别为 $10^1 \sim 10^3$ Hz 与 $10^0 \sim 10^3$ MHz.

一、开环差模电压增益 A_d、-3 dB 带宽 f_H 与单位增益带宽 f_C 的测量

一般不采用运算放大器开环直接测量的方法,这是因为运算放大器开环差模电压增益 A_d 很高,微弱的输入失调电流与交流干扰也能够使运算放大器输出可观的信号.因此,可以采用负反馈削弱输入失调电流与交流干扰.图 1-6-1 为运算放大器差模电压增益 A_d 与 -3 dB 带宽 f_H 的测量电路,R_2' 是为保证电路直流平衡而接入的偏置电阻.由测量电路可直接测量 v_o 与 v_1 的信号幅度以求得运算放大器的开环差模电压增益 A_d:

$$A_d = \frac{v_o}{v_i} = \left(1 + \frac{R_1}{R_2}\right) \cdot \frac{v_o}{v_1} \tag{1.6.1}$$

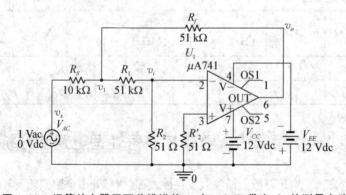

图 1-6-1 运算放大器开环差模增益 A_d 与 -3 dB 带宽 f_H 的测量电路

-3 dB 带宽 f_H 的测量方法是改变输入信号频率,当信号幅度比值 v_o/v_1 下降至原(0 Hz 附近)幅度比值的 $1/\sqrt{2}$ 时的输入信号频率,即为运算放大器开环 -3 dB 带宽 f_H.

单位增益带宽 f_C 为开环差模增益 A_d 下降至 1 时的输入信号频率.如果运算放大器开环差模增益近似为一阶极点高频(低通)特性,则可用下式估算运算放大器单位增益带宽 f_C:

$$f_C = \sqrt{A_d^2 - 1} \cdot f_H \approx A_d \cdot f_H \tag{1.6.2}$$

二、共模抑制比 CMRR 的测量

图 1-6-2 为运算放大器共模抑制比 CMRR 的测量电路 ($R_1' = R_1$, $R_2' = R_2$), 运算放大器工作在闭环状态。测量电路对于差模信号的增益为 $A_d \approx R_2/R_1$, 对于共模信号的增益为 $A_c = v_o/v_i$。因此,直接测量 v_o 与 v_i 的信号幅度即可求得运算放大器的共模抑制比 CMRR：

$$CMRR = 20\lg\left|\frac{A_d}{A_c}\right| = 20\lg\left|\frac{R_2}{R_1} \cdot \frac{v_i}{v_o}\right| \tag{1.6.3}$$

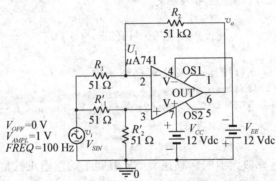

图 1-6-2 运算放大器共模抑制比 CMRR 的测量电路

三、转移速率 SR (Slew Rate) 的测量

转移速率 SR 为运算放大器的阶跃响应斜率,表征运算放大器在矩形脉冲输入时,系统输出电压所能够达到的最大变化速率,量纲是 $V/\mu s$。一般通过分析单位增益闭环系统的阶跃响应来获得运算放大器的转移速率 SR,如图 1-6-3 所示。

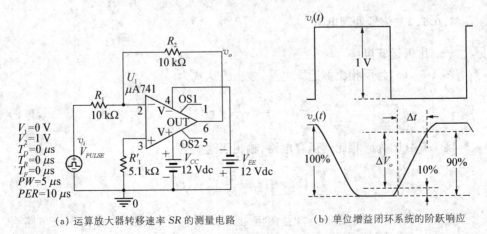

(a) 运算放大器转移速率 SR 的测量电路   (b) 单位增益闭环系统的阶跃响应

图 1-6-3 运算放大器转移速率 SR 的测量

通过测量输出电压由10%峰峰值至90%峰峰值的电平差 Δv_o,以及由10%峰峰值至90%峰峰值的时间差 Δt,可以求得运算放大器的转移速率 SR:

$$SR = \left| \frac{\Delta v_o}{\Delta t} \right| \tag{1.6.4}$$

运算放大器的转移速率 SR 还决定了对于正弦信号输入,系统在高频处所能够达到的最大不失真幅度峰峰值 V_{opp}。假设输入信号频率为 f,输出信号最大不失真幅度峰峰值为 V_{opp},输出信号表示为

$$v_o(t) = \frac{V_{opp}}{2} \cdot \sin(2\pi \cdot f \cdot t) \tag{1.6.5}$$

那么,输出信号 $v_o(t)$ 的最大变化转移速率为

$$\left. \frac{\mathrm{d}}{\mathrm{d}t} v_o(t) \right|_{t=0} = \pi \cdot f \cdot V_{opp} \cdot \cos(2\pi \cdot f \cdot t) \Big|_{t=0} = \pi \cdot f \cdot V_{opp} < SR \tag{1.6.6}$$

由此可得在运算放大器的转移速率 SR 限制下的输出正弦信号的最大不失真幅度峰峰值 V_{opp},或者为保证最大不失真幅度峰峰值 V_{opp} 所能够允许的最大输入正弦信号频率 $f_{\max}$:

$$V_{opp} < \frac{SR}{\pi \cdot f} \tag{1.6.7}$$

$$f_{\max} = \frac{SR}{\pi \cdot V_{opp}} \tag{1.6.8}$$

1.6.1.2 信号处理电路

一、比例运算电路

图 1-6-4(a)为反相比例运算电路,输出表达式为

$$v_o(t) = -\frac{R_2}{R_1} \cdot v_i(t) \tag{1.6.9}$$

图 1-6-4(b)为同相比例运算电路,输出表达式为

$$v_o(t) = \left(1 + \frac{R_2}{R_1}\right) \cdot v_i(t) \tag{1.6.10}$$

反相与同相比例运算电路增益由电阻 R_1、R_2 决定,电阻 R_1' 是为保证电路直流平衡而接入的偏置电阻,取 $R_1' \approx R_1 /\!/ R_2$。

第1篇 模拟电子学基础实验

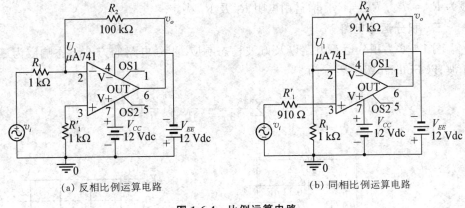

(a) 反相比例运算电路　　(b) 同相比例运算电路

图 1-6-4　比例运算电路

二、加减运算电路

图 1-6-5(a)为加运算电路,输出表达式为

$$v_o(t) = -\left(\frac{R_f}{R_1} \cdot v_{i1}(t) + \frac{R_f}{R_2} \cdot v_{i2}(t)\right) \qquad (1.6.11)$$

图 1-6-5(b)为减运算(差动)电路,输出表达式为

$$v_o(t) = -\frac{R_f}{R_1}(v_{i1}(t) - v_{i2}(t)) \qquad (1.6.12)$$

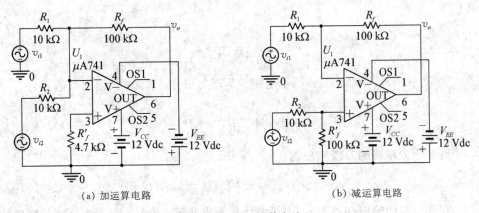

(a) 加运算电路　　(b) 减运算电路

图 1-6-5　加减运算电路

加运算电路增益系数由电阻 R_1,R_2 及 R_f 决定,电阻 R'_f 是为保证电路直流平衡而接入的偏置电阻,取 $R'_f \approx R_1 // R_2 // R_f$。减运算(差动)电路中电阻取值一

般为 $R_1 = R_2$,$R'_f = R_f$,增益由电阻 R_1 及 R_f 决定.

三、积分运算电路

图1-6-6为积分运算电路以及方波稳态响应.积分电路的方波稳态响应为三角波,以Fourier级数表示为

$$v_{o\_Steady}(t) = \frac{2T}{\pi^2 R \cdot C} V_{im} \sum_{n=1}^{\infty} \frac{1}{(2n-1)^2} \cos\left(\frac{2\pi}{T}(2n-1) \cdot t\right) \quad (1.6.13)$$

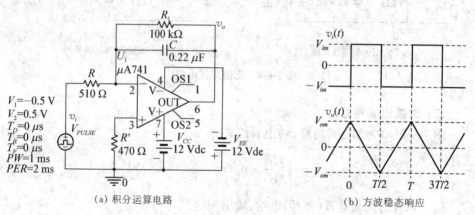

(a) 积分运算电路 (b) 方波稳态响应

图1-6-6 积分运算电路以及方波稳态响应

式(1.6.13)中,V_{im} 为输入方波信号峰值,T 为输入方波信号周期.输出三角波峰值 V_{om} 为

$$V_{om} = \frac{T}{4R \cdot C} V_{im} \quad (1.6.14)$$

当 $R_1 \to \infty$ 时,图2-6-6(a)所示电路成为理想积分运算器,其输出表达式为

$$v_o(t) = v_o(0) - \frac{1}{R \cdot C} \int_0^t v_i(\tau) d\tau \quad (1.6.15)$$

理想积分电路的方波响应为

$$v_o(t) = (v_o(0) - V_{om}) + v_{o\_Steady}(t) \quad (1.6.16)$$

积分电路的输出初始值 $v_o(0)$ 通常为偏置电压 V_{CC} 或 V_{EE} 附近值,式(1.6.16)表明理想积分电路的输出 $v_o(t)$ 不会向稳态响应 $v_{o\_Steady}(t)$ 逼近.

对于输入失调电压,或直流及低频输入信号,理想积分运算电路处于近似开环状态即增益非常大,运算放大器容易进入截止或饱和状态,影响电路的正常工

作. 因此,实际积分运算电路是在积分电容 C 上并联电阻 R_1,以降低电路的直流增益. 如图 1-6-6(a)所示的实际积分运算电路输出表达式为

$$v_o(t) = v_o(0) \cdot e^{-\frac{t}{R_1 \cdot C}} - \frac{1}{R \cdot C}\int_0^t v_i(\tau) \cdot e^{-\frac{t-\tau}{R_1 \cdot C}} d\tau \qquad (1.6.17)$$

当 $2\pi R_1 \cdot C \gg T$ 时,实际积分电路的方波响应为

$$v_o(t) \approx (v_o(0) - V_{om}) \cdot e^{-\frac{t}{R_1 \cdot C}} + v_{o\_Steady}(t) \qquad (1.6.18)$$

式(1.6.18)表明实际积分电路的输出 $v_o(t)$ 能够向稳态响应 $v_{o\_Steady}(t)$ 逼近,逼近过渡时间由 $R_1 \cdot C$ 决定. 为减小由于接入 R_1 引起的积分误差,电阻 R_1 取值至少满足 $R_1 \cdot C > 10 \cdot T$,否则电路将成为普通的低通滤波器.

四、微分运算电路

图 1-6-7 为微分运算电路以及三角波稳态响应. 微分电路的三角波稳态响应为方波,以 Fourier 级数表示为

$$v_{o\_Steady}(t) = \frac{16R \cdot C}{\pi \cdot T}V_{im}\sum_{n=1}^{\infty}\frac{1}{2n-1}\sin\left(\frac{2\pi}{T}(2n-1) \cdot t\right) \qquad (1.6.19)$$

式(1.6.19)中,V_{im} 为输入三角波信号峰值,T 为输入三角波信号周期. 输出方波峰值 V_{om} 为

$$V_{om} = \frac{4R \cdot C}{T}V_{im} \qquad (1.6.20)$$

当 $R_1 \rightarrow 0$ 时,图 1-6-7(a)所示电路成为理想微分运算器,如果使用理想运算放大器,则理想微分运算器输出表达式为

$$v_o(t) = -R \cdot C \cdot \frac{d}{dt}v_i(t) \qquad (1.6.21)$$

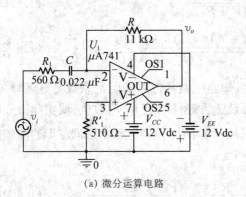

(a) 微分运算电路

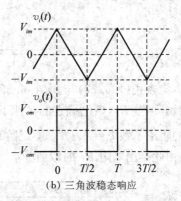

(b) 三角波稳态响应

图 1-6-7 微分运算电路以及三角波稳态响应

如果运算放大器参数非理想,其开环差模增益为 A_d,-3 dB 角频率带宽为 $\omega_H = 2\pi \cdot f_H$,其开环差模传递函数 $A(s)$ 可近似为一阶低通形式:

$$A(s) = A_d \cdot \frac{\omega_H}{s + \omega_H} \tag{1.6.22}$$

那么理想微分电路输出信号 $V_o(t)$ 的 Laplace 变换形式为

$$V_o(s) = \frac{\omega_C^2}{s^2 + 2\zeta \cdot \omega_C + \omega_C^2}[-R \cdot C(s \cdot V_i(s) - v_C(0))] \tag{1.6.23}$$

式(1.6.23)为二阶低通电路与微分电路的级联,微分增益为 $-R \cdot C$. 式中 $v_C(0)$ 为电容电压初始值,ω_C 为二阶低通上截止角频率,ζ 为二阶低通阻尼系数.

对于理想微分电路,ω_C 与 ζ 分别为

$$\omega_C^2 = \frac{(A_d + 1) \cdot \omega_H}{R \cdot C} \tag{1.6.24}$$

$$\zeta = \frac{1 + \omega_H \cdot R \cdot C}{2\sqrt{(A_d + 1) \cdot \omega_H \cdot R \cdot C}} \tag{1.6.25}$$

若运算放大器为 μA741,其 $A_d \approx 2 \times 10^5$,$f_H \approx 5$ Hz,则理想微分电路的阻尼系数 $\zeta \ll 1$. 因此输出时间波形 $V_o(t)$ 将出现难以衰减的高频振荡,电路的工作特性不甚理想. 因此,实际微分器通常在电容 C 上串联小电阻 R_1,以增加电路的阻尼系数,降低电路的高频增益,使高频振荡迅速衰减,电路工作特性更理想. 对于如图 1-6-7(a) 所示的实际微分电路,其输出信号的 Laplace 变换形式仍为式(1-6-23),ω_C 与 ζ 分别为

$$\omega_C^2 = \frac{(A_d + 1) \cdot \omega_H}{(R + R_1) \cdot C} \tag{1.6.26}$$

$$\zeta = \frac{1 + \omega_H \cdot [R + (A_d + 1) \cdot R_1] \cdot C}{2\sqrt{(A_d + 1) \cdot \omega_H \cdot (R + R_1) \cdot C}} \tag{1.6.27}$$

比较式(1.6.27)与式(1.6.25),可知实际微分电路的阻尼系数 ζ 显著增加. 在微分增益 $R \cdot C$ 已确定的条件下,可以适当选择电阻 R_1 的数值,使实际微分电路的阻尼系数 $\zeta = 1/\sqrt{2}$,即二阶系统最大平坦化,以消除输出时间波形的高频振荡. 由此得出电阻 R_1 的取值为

$$R_1 = \frac{\sqrt{2A_d \cdot \omega_H \cdot R \cdot C - 1}}{(A_d + 1) \cdot \omega_H \cdot C} - \frac{R}{A_d + 1} \approx \sqrt{\frac{R}{\pi \cdot A_d \cdot f_H \cdot C}} \tag{1.6.28}$$

1.6.1.3 有源滤波器

滤波器是一种频率选择系统,其频率响应只在特定的某段频率范围内具有较大的值.滤波器的带宽由截止频率决定,定义为幅度频率特性的 $-3\ \mathrm{dB}$ 处(半功率点)的频率 f_C.

一、滤波函数

设计滤波器必须确定其系统函数 $H(s)$ 或幅度频率特性函数 $|H(\mathrm{j}\cdot\omega)|$,一个物理可实现的滤波系统函数必为 N 阶有理 s 多项式分式.

Butterworth 滤波函数具有最大平坦特征,其阶数 N 越高,则过渡带越窄,阻带衰减斜率越大,即阻带内信号衰减越显著.

N 阶 Butterworth 低通幅度频率特性函数 $|H(\mathrm{j}\cdot\omega)|$ 为

$$|H(\mathrm{j}\cdot\omega)| = \frac{1}{\sqrt{1+(\omega/\omega_C)^{2N}}} \qquad (1.6.29)$$

由上式可求得 N 阶 Butterworth 低通系统函数 $H(s)$ 表达式:

$$\text{当 } N \text{ 为偶数},\ H(s) = \prod_{k=1}^{N/2} \frac{\omega_C^2}{s^2 + 2\cdot\sin\left(\frac{2k-1}{2N}\pi\right)\cdot\omega_C\cdot s + \omega_C^2} \qquad (1.6.30\mathrm{a})$$

$$\text{当 } N \text{ 为奇数},\ H(s) = \frac{\omega_C}{s+\omega_C}\cdot\prod_{k=1}^{(N-1)/2} \frac{\omega_C^2}{s^2 + 2\cdot\sin\left(\frac{2k-1}{2N}\pi\right)\cdot\omega_C\cdot s + \omega_C^2}$$

$$(1.6.30\mathrm{b})$$

高通滤波函数具有与低通滤波函数相互对称的特点,只需将 ω 与 ω_C 相互交换位置即可由低通频率特性函数获得高通频率特性函数 $|H(\mathrm{j}\cdot\omega)|$,而将 s 与 ω_C 相互交换位置即可由低通系统函数获得高通系统函数 $H(s)$.

N 阶 Butterworth 高通幅度频率特性函数 $|H(\mathrm{j}\cdot\omega)|$ 为

$$|H(\mathrm{j}\cdot\omega)| = \frac{1}{\sqrt{1+(\omega_C/\omega)^{2N}}} \qquad (1.6.31)$$

N 阶 Butterworth 高通系统函数 $H(s)$ 表达式为

$$\text{当 } N \text{ 为偶数},\ H(s) = \prod_{k=1}^{N/2} \frac{s^2}{s^2 + 2\cdot\sin\left(\frac{2k-1}{2N}\pi\right)\cdot\omega_C\cdot s + \omega_C^2} \qquad (1.6.32\mathrm{a})$$

当 N 为奇数,$H(s) = \dfrac{s}{s+\omega_C} \cdot \displaystyle\prod_{k=1}^{(N-1)/2} \dfrac{s^2}{s^2 + 2 \cdot \sin\left(\dfrac{2k-1}{2N}\pi\right) \cdot \omega_C \cdot s + \omega_C^2}$

(1.6.32b)

N 阶低通或高通滤波函数可以分解为一阶和二阶系统函数的连乘,相应的滤波器电路则可由一阶和二阶电路的级联构成. 偶数阶系统由若干个二阶欠阻尼系统级联构成,奇数阶系统则由一个一阶系统与若干个二阶欠阻尼系统级联构成.

二、有源滤波电路

滤波函数的实现可用无源线性器件(电容、电感等)组成的 T 型网络方式,而以有源器件(晶体管、运算放大器等)组成的电路形式更具优越性. 有源器件的作用首先是各级电路之间的隔离,其次是以电容替代电感. 有源滤波电路的不足之处在于受有源器件的有限单位增益带宽限制,工作频率不能太高. N 阶系统函数可以通过分别设计一阶或二阶有源电路来实现. 图 1-6-8 与图 1-6-9 展示增益为 A 的一阶与二阶(Sallen-Key)电路.

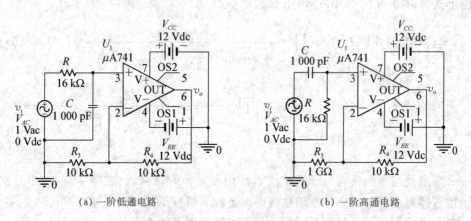

(a) 一阶低通电路   (b) 一阶高通电路

图 1-6-8 一阶有源滤波电路

一阶低通滤波电路(图 1-6-8a)系统函数 $H(s)$ 为

$$H(s) = A \cdot \dfrac{\omega_C}{s+\omega_C} \qquad (1.6.33)$$

一阶高通滤波电路(图 1-6-8b)系统函数 $H(s)$ 为

$$H(s) = A \cdot \dfrac{s}{s+\omega_C} \qquad (1.6.34)$$

式(1.6.33)与式(1.6.34)中的系统增益 A 以及特征角频率 ω_C 由下式表达:

$$\begin{cases} A = 1 + R_4/R_3 \\ \omega_C = 2\pi \cdot f_C = \dfrac{1}{R \cdot C} \end{cases} \tag{1.6.35}$$

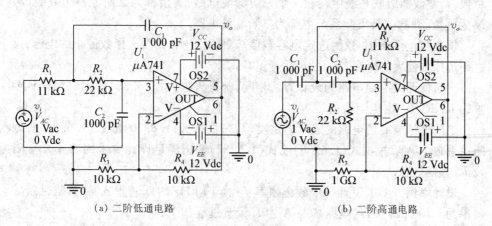

(a) 二阶低通电路　　　　　　　(b) 二阶高通电路

图 1-6-9　二阶有源滤波电路

二阶低通滤波电路(图 1-6-9a)系统函数 $H(s)$ 为

$$\begin{cases} H(s) = A \cdot \dfrac{\omega_C^2}{s^2 + 2\zeta \cdot \omega_C \cdot s + \omega_C^2} \\ A = 1 + R_4/R_3 \\ \omega_C = 2\pi \cdot f_C = 1/\sqrt{R_1 \cdot C_1 \cdot R_2 \cdot C_2} \\ \zeta = \dfrac{(R_1 + R_2) \cdot C_2 - (A-1) \cdot R_1 \cdot C_1}{2\sqrt{R_1 \cdot C_1 \cdot R_2 \cdot C_2}} \end{cases} \tag{1.6.36}$$

二阶高通滤波电路(图 1-6-9b)系统函数 $H(s)$ 为

$$\begin{cases} H(s) = A \cdot \dfrac{s^2}{s^2 + 2\zeta \cdot \omega_C \cdot s + \omega_C^2} \\ A = 1 + R_4/R_3 \\ \omega_C = 2\pi \cdot f_C = 1/\sqrt{R_1 \cdot C_1 \cdot R_2 \cdot C_2} \\ \zeta = \dfrac{R_1 \cdot (C_1 + C_2) - (A-1) \cdot R_2 \cdot C_2}{2\sqrt{R_1 \cdot C_1 \cdot R_2 \cdot C_2}} \end{cases} \tag{1.6.37}$$

三、有源滤波器的设计方法

设计要求为规定数值的截止频率 f_C、阻带衰减斜率($\mathrm{dB}/10f_C$)和电路增益 A.

根据阻带衰减斜率,由式(1.6.29)或式(1.6.31)确定电路阶数 N. 如果 N 为奇数,则滤波器级联系统中存在一个一阶滤波电路,其余都为二阶滤波电路;如果 N 为偶数,则滤波器级联系统中都为二阶滤波电路.

根据截止频率 f_C 数值选定电容数值 C,原则上 f_C 高则选择数值小的电容,反之则选择数值大的电容.

一阶低通或高通电路的设计方法相同,都是根据式(1.6.35)解出满足设计要求的 R,R_3 及 R_4 电阻数值.

二阶低通或高通电路的设计方法类似,先根据式(1.6.30)或式(1.6.32)获取阻尼系数 ζ,然后根据式(1.6.36)或式(1.6.37)解出满足设计要求的 R_1,R_2,R_3 及 R_4 电阻数值.

设计举例 要求设计一个截止频率 f_C 为 10 kHz 的低通滤波器,其阻带衰减斜率为 -100 $\mathrm{dB}/10f_C$,电路增益 A 为 1. 设计过程如下:

根据阻带衰减斜率要求,由式(1-6-29)确定低通滤波器阶数 N:

$$N \geqslant \frac{20 \cdot \lg|H(j \cdot \omega)|}{20 \cdot \lg(\omega_C/\omega)}\bigg|_{\omega=10\omega_C} = \frac{-100\ \mathrm{dB}}{-20\ \mathrm{dB}} = 5 \quad (1.6.38)$$

五阶滤波器由一个一阶(采用图 1-6-8a 形式)电路与两个二阶(采用图 1-6-9a 形式)电路级联构成. 如果电阻元件为 10^1 kΩ 数量级,考虑 $f_C = 10$ kHz,则电容元件取 10^3 pF 数量级.

一阶电路电容取值 $C = 1\,000$ pF. 根据式(1.6.35)求得一阶电路元件值:

$$R = \frac{1}{2\pi \cdot f_C \cdot C} = \frac{1}{2\pi \times 10\ \mathrm{kHz} \times 1\,000\ \mathrm{pF}} = 15.92\ \mathrm{k\Omega} \approx 16\ \mathrm{k\Omega}$$

$$(1.6.39)$$

$$R_4 = 10\ \mathrm{k\Omega} \quad (1.6.40)$$

$$R_3 = \frac{R_4}{A-1} \approx 1\ \mathrm{G\Omega} \to \infty \quad (1.6.41)$$

根据式(1.6.30b),得到两个二阶电路的阻尼系数 ζ:

$$\zeta_1 = \sin(\pi/10) \quad (1.6.42)$$

$$\zeta_2 = \sin(3\pi/10) \quad (1.6.43)$$

由于 $A=1$，两个二阶电路的 R_3 与 R_4 均同式(1.6.40)与式(1.6.41)。

根据式(1.6.36)可以解得同时满足 f_C 与 ζ 条件的两个二阶电路的 R_1 与 R_2：

$$\begin{cases} R_1 = \dfrac{\zeta + \sqrt{\zeta^2 + A - 1 - C_2/C_1}}{\omega_C \cdot [C_2 + (1-A) \cdot C_1]} \\ R_2 = \dfrac{\zeta - \sqrt{\zeta^2 + A - 1 - C_2/C_1}}{\omega_C \cdot C_2} \end{cases} \quad (1.6.44)$$

对于第一个二阶电路，有

$$C_2/C_1 < \zeta^2 + A - 1 = \sin^2(\pi/10) \approx 0.0955 \quad (1.6.45)$$

可取 $C_1 = 2\,000$ pF, $C_2 = 180$ pF，使 $C_2/C_1 = 0.09$。因此 R_1 与 R_2 为

$$R_1 = \dfrac{\zeta + \sqrt{\zeta^2 + A - 1 - C_2/C_1}}{\omega_C \cdot [C_2 + (1-A) \cdot C_1]} = \dfrac{\sin(\pi/10) + \sqrt{\sin^2(\pi/10) - 180/2\,000}}{2\pi \times 10 \text{ kHz} \times 180 \text{ pF}}$$

$$= 33.88 \text{ k}\Omega \approx 33 \text{ k}\Omega \quad (1.6.46)$$

$$R_2 = \dfrac{\zeta - \sqrt{\zeta^2 + A - 1 - C_2/C_1}}{\omega_C \cdot C_2} = \dfrac{\sin(\pi/10) - \sqrt{\sin^2(\pi/10) - 180/2\,000}}{2\pi \times 10 \text{ kHz} \times 180 \text{ pF}}$$

$$= 20.77 \text{ k}\Omega \approx 20 \text{ k}\Omega \quad (1.6.47)$$

对于第二个二阶电路，有

$$C_2/C_1 < \zeta^2 + A - 1 = \sin^2(3\pi/10) \approx 0.6545 \quad (1.6.48)$$

因此，可取 $C_1 = 1\,000$ pF, $C_2 = 510$ pF，使 $C_2/C_1 = 0.51$。因此 R_1 与 R_2 为

$$R_1 = \dfrac{\zeta + \sqrt{\zeta^2 + A - 1 - C_2/C_1}}{\omega_C \cdot [C_2 + (1-A) \cdot C_1]} = \dfrac{\sin(3\pi/10) + \sqrt{\sin^2(3\pi/10) - 510/1\,000}}{2\pi \times 10 \text{ kHz} \times 510 \text{ pF}}$$

$$= 37.11 \text{ k}\Omega \approx 36 \text{ k}\Omega \quad (1.6.49)$$

$$R_2 = \dfrac{\zeta - \sqrt{\zeta^2 + A - 1 - C_2/C_1}}{\omega_C \cdot C_2} = \dfrac{\sin(3\pi/10) - \sqrt{\sin^2(3\pi/10) - 510/1\,000}}{2\pi \times 10 \text{ kHz} \times 510 \text{ pF}}$$

$$= 13.38 \text{ k}\Omega \approx 13 \text{ k}\Omega \quad (1.6.50)$$

1.6.2 实验内容

运算放大器 μA741 属于 OPAMP 元件库。

1.6.2.1 运算放大器特性分析

一、运算放大器开环增益与带宽测量[*]

通过对图 1-6-1 所示的测量电路进行交流扫描分析,测量运算放大器低频开环电压增益 A_d 和 -3 dB 带宽 f_H,计算单位增益带宽 f_C。

信号源为扫频电压源 V_{AC}(0 Vdc, 1 Vac)。

仿真设置为"AC Sweep/Noise:Logarithmic(Decade),Start(0.001 Hz),End(100 kHz),Point/Decade(100)"。

分析变量表达式为"V[R_f:2]/V[R_f:1]",即千分之一开环电压增益。可测得低频开环电压增益 A_d 和 -3 dB 带宽 f_H,由此计算单位增益带宽 f_C。

二、运算放大器共模抑制比测量[*]

通过对图 1-6-2 的测量电路进行瞬态仿真分析,测量运算放大器共模抑制比 CMRR。

信号源为正弦电压源 V_{SIN}($V_{OFF}=0$ V, $V_{AMPL}=1$ V, $FREQ=100$ Hz)。

仿真设置为"Time Domain(Transient):Run to(50 ms), Start saving data(0 ms), Maximum step(0.05 ms)"。

三、运算放大器转移速率

通过对图 1-6-3 反相单位增益比例放大器进行瞬态仿真分析,分析其阶跃响应。

信号源为矩形波电压源 V_{PULSE}($V_1=0$ V, $V_2=1$ V, $T_D=0$ μs, $T_R=0$ μs, $T_F=0$ μs, $PW=5$ μs, $PER=10$ μs)。

仿真设置为"Time Domain(Transient):Run to(100 μs), Start saving data(0 μs), Maximum step(0.1 μs)"。

观察放大器输出波形的上升或下降情况,测量运算放大器转移速率 SR。

将信号源改为正弦电压源 V_{SIN}($V_{OFF}=0$ V, $V_{AMPL}=10$ V, $FREQ=20$ kHz),逐步减小信号幅度,用瞬态仿真方法测量当输入信号频率 f 为 20 kHz 时,输出不失真最大峰峰值 V_{opp}。

1.6.2.2 加运算电路分析

以直流电压源为输入信号,对图 1-6-5(a)的加运算电路进行直流扫描仿真,分析验证加运算规律。

输入信号用 V_{i1}, V_{i2} 均采用直流电压源 V_{DC},将 V_{i1}, V_{i2} 分别设置为 0.5 Vdc, 0.25 Vdc。

仿真设置为"DC Sweep: Analysis type (DC Sweep), Option (Primary Sweep), Sweep Variable/Voltage source Name(V_{i1}), Sweep type(Linear), Start (-2 V), End(1.5 V), Increment(0.5 V)".

根据V_{i1}与V_o直流扫描仿真结果,验证式(1.6.11)的正确性.

1.6.2.3 积分与微分运算电路分析

通过对如图 1-6-6 所示积分运算电路、如图 1-6-7 所示微分运算电路*进行瞬态仿真分析,分析验证其运算规律.

积分电路输入信号源为矩形波电压源V_{PULSE}($V_1 = -0.5$ V, $V_2 = 0.5$ V, $T_D = 0$ μs, $T_R = 0$ μs, $T_F = 0$ μs, $PW = 1$ ms, $PER = 2$ ms). 微分电路输入信号源为积分电路输出信号.

仿真设置为"Time Domain(Transient): Run to(10 ms), Start saving data (0 ms), Maximum step(0.01 ms)".

对于积分电路,测量当R_1为 100 kΩ, R 分别为 510 Ω, 110 Ω 时,积分电路稳态输出峰峰值的大小. 观察当R 为 510 Ω, R_1 分别为 100 kΩ, 10 kΩ, 1 GΩ 时,积分电路稳态输出三角波波形的变化情况.

对于微分电路,测量当R_1为 560 Ω, R 分别为 11 kΩ, 5.1 kΩ 时,微分电路稳态输出峰峰值的大小. 观察当R 为 11 kΩ, R_1 分别为 560 Ω, 2 kΩ, 0.001 Ω 时,微分电路稳态输出方波波形的变化情况.

1.6.2.4 有源滤波器电路分析

通过对图 1-6-8、图 1-6-9 所示的一阶与二阶有源高低通滤波电路进行交流扫描分析,测量滤波电路增益A、-3 dB 截止频率 f_C、$10f_C$ 频率处滤波电路的衰减.

信号源为扫频电压源V_{AC}(0 Vdc, 1 Vac).

仿真设置为"AC Sweep/Noise: Logarithmic(Decade), Start(1 Hz), End (100 MHz), Point/Decade(100)".

分析变量表达式为"V[R_4:2]/V[V_i:+]",即滤波电路电压增益频率特性. 使用标尺可测得电路电压增益A 和-3 dB 截止频率 f_C、$10f_C$ 频率处滤波电路的衰减.

将设计举例*结果组成电路图,通过交流扫描分析,测量该 5 阶低通滤波电路增益A、-3 dB 截止频率 f_C、$10f_C$ 频率处滤波电路的衰减.

自行设计* 一个四阶低通滤波电路,增益$A = 1$,截止频率 $f_C = 10$ kHz. 通过交流扫描分析验证设计的正确性.

1.6.2.5 数据记录

一、运算放大器特性分析

		开环增益		−3 dB 带宽	增益带宽乘积
交流分析	v_o/v_1	A_d (10^5)	A_d (dB)	f_H (Hz)	$A_d \cdot f_H$ (MHz)

			共模抑制比		转移速率			不失真幅度	
瞬态分析	v_i (V)	v_o (mV)	CMRR (dB)	Δv_o (V)	Δt (μs)	SR (V/μs)		f (kHz)	V_{opp} (V)
								20	

二、加运算电路直流扫描分析

V_{i1} (V)	−2.0	−1.5	−1.0	−0.5	0.0	0.5	1.0	1.5
V_{i2} (V)	0.25	0.25	0.25	0.25	0.25	0.25	0.25	0.25
理论 V_o (V)								
测量 V_o (V)								

三、积分与微分运算电路瞬态分析

积分运算电路	R_1 (kΩ)	100	100	10	1 000 000
	R (Ω)	110	510	510	510
	V_{opp} (V)			/////////////////	/////////////////
	输出波形	///////// ///////// ///////// /////////			
微分运算电路	R_1 (Ω)	560	560	2 000	0.001
	R (kΩ)	5.1	11	11	11
	V_{opp} (V)			/////////////////	/////////////////
	输出波形	///////// ///////// ///////// /////////			

四、有源滤波器电路交流扫描分析

滤波器	一阶		二阶		五阶	四阶
	低通	高通	低通	高通	低通	低通
增益 A						
截止频率 f_C(kHz)						
$10f_C$ 处衰减 (dB)		/////////		/////////		
$0.1f_C$ 处衰减 (dB)	/////////		/////////		/////////	/////////

§1.7 信号波形发生电路的分析

通过本实验,掌握 Wien 电桥正弦振荡器的工作原理、电路调整和测试方法.掌握矩形波振荡器的工作原理、电路调整和测试方法.

1.7.1 实验原理

信号发生器是根据自激振荡原理,使电路在没有外部激励时也能够输出持续稳定的信号波形,信号发生电路包括正弦波形振荡器与非正弦波形振荡器.

对于正弦波形振荡器,有反馈型振荡器和负阻器件振荡器,后者常用于微波段的振荡.在反馈型振荡器中,根据选频网络的不同,又可分为 RC 振荡器、LC 振荡器、晶体振荡器等. RC 振荡器适用于低频振荡,LC 振荡器适用于高频振荡,晶体振荡器频率特别稳定.

对于非正弦波形振荡器,常利用运算放大器作为比较器,或利用数字逻辑门与触发器电路构成的正反馈,产生矩形波、三角波、锯齿波等特殊波形.

1.7.1.1 Wien 正弦波振荡器

Wien 正弦振荡器属于 RC 振荡器类,其选频网络称为 Wien 电桥. 图 1-7-1(a)为 Wien 正弦振荡器的原理性电路.

一、Wien 电桥选频网络特性

Wien 电桥由两个电阻 R 与两个电容 C 构成,组成正反馈网络即选频网络.反馈信号 v_f 来自输出信号 v_o 的取样,形成电压串联正反馈组态.反馈系数 $F(j \cdot \omega)$ 表示为

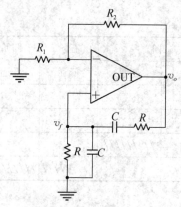
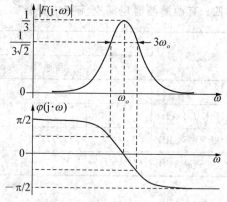

(a) Wien 正弦振荡器原理电路　　(b) Wien 电桥的幅度频率特性与相位频率特性

图 1-7-1　Wien 正弦振荡器及其选频网络特性

$$F(j\cdot\omega) = \frac{v_f(j\cdot\omega)}{v_o(j\cdot\omega)} = \frac{1}{3+j(\omega/\omega_o - \omega_o/\omega)} \quad (1.7.1)$$

其中，
$$\omega_o = \frac{1}{R\cdot C} \quad (1.7.2)$$

选频网络幅度频率特性 $|F(j\cdot\omega)|$ 为

$$|F(j\cdot\omega)| = \frac{1}{\sqrt{3^2 + (\omega/\omega_o - \omega_o/\omega)^2}} \quad (1.7.3)$$

选频网络相位频率特性 $\varphi(j\cdot\omega)$ 为

$$\varphi(j\cdot\omega) = -\arctan\frac{\omega/\omega_o - \omega_o/\omega}{3} \quad (1.7.4)$$

图 1-7-1(b) 为选频网络特性. 当信号角频率 $\omega = \omega_o$ 时, 反馈系数幅度 $|F(j\cdot\omega)|$ 达到最大值 1/3, 相位 $\varphi(j\cdot\omega)$ 为 0, 形成信号的正反馈. 当信号角频率 ω 为其他值时, 反馈系数幅度 $|F(j\cdot\omega)|$ 显著衰减, 相位 $\varphi(j\cdot\omega)$ 偏离 0, 不能形成信号的正反馈.

二、相位平衡条件与振幅平衡条件

由于运算放大器为同相放大应用, 只有当选频网络的相位 $\varphi(j\cdot\omega)$ 为 $2n\cdot\pi$ 时, 系统才有可能形成信号的正反馈, 使电路产生振荡, 如图 1-7-2(a) 所示. 因此电路振荡的相位平衡条件为

$$\varphi(j \cdot \omega) = 2n \cdot \pi, \quad n = 0, \pm 1, \pm 2, \cdots \tag{1.7.5}$$

为使电路维持振荡,经过放大器放大 A 倍并反馈回来的信号幅度必须略大于信号原始幅度.否则电路振荡只会逐次衰减,直至停振.因此电路振荡的振幅平衡条件为

$$| A \cdot F(j \cdot \omega) | \geqslant 1 \tag{1.7.6}$$

对于 Wien 振荡电路,综合相位平衡条件与振幅平衡条件,有

$$\begin{cases} f_o = \dfrac{1}{2\pi \cdot R \cdot C} \\ A \geqslant 3 \end{cases} \tag{1.7.7}$$

即

$$\begin{cases} f_o = \dfrac{1}{2\pi \cdot R \cdot C} \\ \dfrac{R_2}{R_1} \geqslant 2 \end{cases} \tag{1.7.8}$$

三、振幅的稳定

如果放大器增益 $A = 3$,电路是无法起振的.只有 $A > 3$,电路才能由静止至振幅逐次放大,产生持续的振荡.电路起振后,如果不采取稳幅措施,使放大器增益保持 $A = 3$,那么振荡器输出振幅会越来越大,运算放大器接近或进入非线性工作状态,使输出波形失真.

有多种振幅稳定措施.如可采用负温度系数热敏电阻 R_t 取代放大器负反馈电阻 R_2,电路起振前 R_t 数值较大,使放大器增益 $A > 3$;起振后随着输出幅度峰值 V_{opp} 逐次增大,热敏电阻平均功耗增加,温度升高使阻值减小,使放大器增益随之减小直至平衡在 $A = 3$,使输出幅度保持稳定.也可用场效应晶体管工作在可变电阻区作为一个压控电阻,以实现振荡器输出振幅的稳定.

本实验采用的方法是在负反馈环路中增加两个正反向二极管,如图 1-7-2(b) 所示.当电路未起振或振幅 V_{om} 很小时,二极管 D_1 或 D_2 上的正向压降很小,二极管动态等效阻抗很高,容易使放大器增益满足起振条件.当电路起振后振幅 V_{om} 较大时,二极管上的正向压降与电流显著增加,二极管动态等效阻抗随之降低,放大器增益下降至 $A = 3$ 附近,使振幅 V_{om} 趋于稳定.

采取稳幅措施的 Wien 振荡器振幅 V_{om} 或幅度峰峰值 V_{opp} 与电阻 R_2 正相关.设二极管正向压降为 V_d,电阻 R_3 与二极管正向动态等效阻抗并联值为 R_3',当电路振幅 V_{om} 趋于稳定时,有 $A = 3$,即

$$R_2 + R_3' = 2 \cdot R_1 \tag{1.7.9}$$

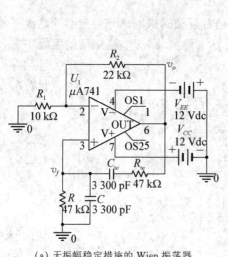

(a) 无振幅稳定措施的 Wien 振荡器   (b) 有振幅稳定措施的 Wien 振荡器

图 1-7-2   Wien 振荡器实验电路

电阻 R_1 或 R_2 上的电流即为 R'_3 上的电流,因此有

$$\frac{\frac{1}{2}V_{opp}}{R_1+R_2+R'_3} \approx \frac{V_d}{R'_3} \qquad (1.7.10)$$

由式(1.7.9)与式(1.7.10),得到采取稳幅措施的 Wien 振荡器幅度峰峰值 V_{opp} 的估计式:

$$V_{opp} \approx \frac{6 \cdot R_1}{2 \cdot R_1 - R_2} \cdot V_d \qquad (1.7.11)$$

式(1.7.11)中,二极管正向压降 V_d 估计值为 0.6 V. 当 $R_2 > 2 \cdot R_1$ 时,稳幅措施失效.

1.7.1.2   非正弦波振荡器

图 1-7-3 为矩形波以及锯齿波信号发生电路. 运算放大器 U_1 组成具有双阈值的滞回比较器,其输出 v_{o1} 为正负峰值 V_Z 的矩形波(V_Z 为稳压二极管的反向击穿电压). 运算放大器 U_2 组成积分运算电路,对 v_{o1} 进行积分的结果产生锯齿波信号输出 v_{o2},如图 1-7-4 所示,锯齿波信号 v_{o2} 的正负峰值受滞回比较器的双阈值($\pm V_{th}$)控制.

第1篇 模拟电子学基础实验

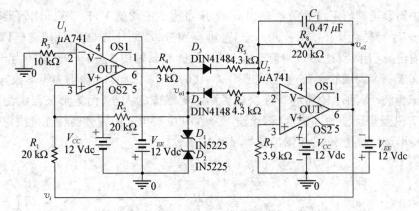

图 1-7-3 矩形波以及锯齿波信号发生电路

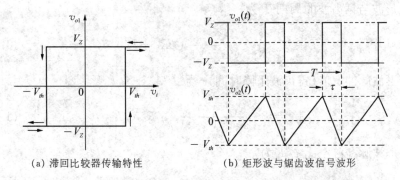

(a) 滞回比较器传输特性　　　　(b) 矩形波与锯齿波信号波形

图 1-7-4 滞回比较器以及矩形波与锯齿波信号发生电路特性

一、滞回比较器

滞回比较器的阈值 V_{th} 为

$$V_{th} = -\frac{R_1}{R_2} \cdot v_{o1} \tag{1.7.12}$$

滞回比较器的正负阈值 V_{th} 与其输出 v_{o1} 相关,受稳压二极管反向击穿电压 $V_Z(\approx 3.3\text{ V})$ 作用,滞回比较器输出 v_{o1} 的取值为 $+V_Z$ 或 $-V_Z$。因此滞回比较器阈值 V_{th} 的两个取值为

$$V_{th} = \pm \frac{R_1}{R_2} \cdot V_Z \tag{1.7.13}$$

图 1-7-4(a)为表示输入与输出关系的滞回比较器传输特性。

二、矩形波以及锯齿波信号的产生

积分器的输出 v_{o2} 为滞回比较器的输入 V_i。当积分器对 $-V_Z$ 进行积分时,滞

回比较器取正阈值 V_{th}. 积分器输出 v_{o2} 上升到达该正阈值 V_{th} 时,滞回比较器输出 v_{o1} 由 $-V_Z$ 翻转为 $+V_Z$. 积分器对 $+V_Z$ 进行积分,滞回比较器取负阈值 $-V_{th}$. 积分器输出 v_{o2} 下降到达该负阈值 $-V_{th}$ 时,滞回比较器输出 v_{o1} 由 $+V_Z$ 翻转为 $-V_Z$,电路完成一个周期的振荡过程,如图 1-7-4(b) 所示. 因此, v_{o1} 输出为矩形波, v_{o2} 输出为锯齿波. 滞回比较器的特性决定了两者峰峰值的大小,而矩形波与锯齿波的周期 T 以及矩形波脉冲宽度(锯齿波下降时间)τ 则主要由积分器特性来决定.

矩形波峰峰值 V_{opp1} 与锯齿波峰峰值 V_{opp2} 分别为

$$V_{opp1} = 2 \cdot V_Z \tag{1.7.14}$$

$$V_{opp2} = 2 \cdot \frac{R_1}{R_2} \cdot V_Z \tag{1.7.15}$$

矩形波与锯齿波的周期 T 为

$$T = 2 \cdot \frac{R_1}{R_2} \cdot \frac{V_Z}{V_Z - V_d} \cdot (R_5 + R_6) \cdot C_1 \tag{1.7.16}$$

矩形波脉冲宽度(锯齿波下降时间)τ 为

$$\tau = 2 \cdot \frac{R_1}{R_2} \cdot \frac{V_Z}{V_Z - V_d} \cdot R_5 \cdot C_1 \tag{1.7.17}$$

矩形波脉冲占空比 τ/T 为

$$\tau/T = \frac{R_5}{R_5 + R_6} \tag{1.7.18}$$

式(1.7.16)与式(1.7.17)的时间计算考虑了二极管正向压降 $V_d (\approx 0.65\text{ V})$ 的影响. 受运算放大器转移速率 SR 的限制,锯齿波峰峰值 V_{opp2} 的测量值将略大于由式(1.7.15)产生的计算值. 当 $R_5 = R_6$ 时,v_{o1} 波形为方波 ($\tau/T = 50\%$),v_{o2} 波形为三角波.

1.7.2 实验内容

二极管 DIN4148 与 IN5225 属于 DIODE 元件库.

1.7.2.1 Wien 正弦波振荡器分析

一、Wien 电桥选频网络的交流扫描分析

对图 1-7-2(a) 所示电路中的 Wien 电桥选频网络进行交流扫描分析,观察选频网络的频率特性(幅频与相频),测量选频网络中心频率 f_o、反馈系数 F 峰值、半功率点频率 f_L 与 f_H,测量 $0.1f_o$, f_L, f_o, f_H, $10f_o$ 处的相位值.

信号源为扫频电压源 V_{AC}(0 Vdc, 1 Vac),重新绘制 Wien 电桥选频网络原理图.

仿真设置为"AC Sweep/Noise: Logarithmic(Decade), Start(0.1 Hz), End(10 MHz), Point/Decade(100)".

选频网络的幅度频率特性分析变量表达式为"V[R:2]/V[R$_w$:2]". 使用标尺可测得中心频率 f_o、反馈系数 F 峰值和半功率频率 f_L 与 f_H.

选频网络的相位频率特性分析变量表达式为"P(V[R:2]/V[R$_w$:2])". 使用标尺可测得 $0.1f_o$, f_L, f_o, f_H, $10f_o$ 处的相位值.

二、幅度平衡条件的分析

对图 1-7-2(a)所示电路进行瞬态分析,改变系统负反馈通路电阻 R_2,以改变振荡器中放大电路的增益,观察放大增益对振荡器能否起振所产生的影响. 测量 Wien 正弦振荡器的幅度平衡条件.

仿真设置为"Time Domain(Transient): Run to(50 ms), Start saving data(30 ms), Maximum step(0.02 ms)".

当 R_2 分别为 10 kΩ, 20 kΩ, 22 kΩ, 1 GΩ 时,记录振荡器输出波形. 测量 Wien 正弦振荡器的幅度平衡条件.

三、幅度稳定电路的瞬态分析

对图 1-7-2(b)所示电路进行瞬态分析,改变电阻 R_2 对振荡器输出峰峰值 V_{opp} 的影响.

仿真设置为"Time Domain(Transient): Run to(24 ms), Start saving data(4 ms), Maximum step(0.02 ms)".

当 R_2 分别为 10 kΩ, 15 kΩ, 18 kΩ, 22 kΩ 时,记录振荡器输出波形,观察失真情况.

1.7.2.2 非正弦波振荡器分析*

对图 1-7-3 所示电路进行瞬态分析. 仿真设置为"Time Domain(Transient): Run to(50 ms), Start saving data(20 ms), Maximum step(0.03 ms)".

一、方波及三角波振荡电路的瞬态分析

分别测量原电路、仅改变 C_1 值为 0.22 μF、仅改变 R_2 为 10 kΩ 时的方波周期 T、占空比 τ/T、峰峰值 V_{opp1} 以及三角波峰峰值 V_{opp2}.

二、矩形波及锯齿波振荡电路的瞬态分析

同时将 R_5 改为 1 kΩ、R_6 改为 3.3 kΩ,测量矩形波周期 T、占空比 τ/T、峰峰

值 V_{opp1}，锯齿波峰峰值 V_{opp2}。

1.7.2.3 数据记录

一、Wien 电桥选频网络的交流扫描分析

频率 $f(kHz)$	$0.1f_o$	f_L	f_o	f_H	$10f_o$
反馈系数 F					
相位 $\varphi(°)$					

二、Wien 振荡器幅度平衡条件的瞬态分析

电阻	$R_2(k\Omega)$	10	20	22	1 000 000
增益	$V_{opp}(V)$				
	$V_{fpp}(V)$				
	A 理论值				
波形	$v_o(t)$				

三、Wien 振荡器幅度稳定电路的瞬态分析

电阻	$R_2(k\Omega)$	10	15	18	22
输出	$V_{opp}(V)$				
波形	$v_o(t)$				

四、非正弦波发生电路的瞬态分析

	元件参数组合	原电路	改变 C_1	改变 R_2	改变 R_5 与 R_6
元件参数	$R_2(k\Omega)$	20	20	10	20
	$R_5(k\Omega)$	4.3	4.3	4.3	1
	$R_6(k\Omega)$	4.3	4.3	4.3	3.3
	$C_1(\mu F)$	0.47	0.22	0.47	0.47
矩形波	周期 $T(ms)$				
	占空比 $\tau/T(\%)$				
	峰峰值 $V_{opp1}(V)$				
锯齿波	峰峰值 $V_{opp2}(V)$				

§1.8 串联型调整管稳压电源的分析

通过本实验,掌握电源电路的稳压原理以及稳压电源主要技术参数的测量方法. 了解稳压电源的电路元件参数设计要点.

1.8.1 实验原理

电路系统的直流偏置以及信号功率放大通常需要直流电源来供电. 除了某些特殊场合必须使用化学电池或可充电电池外,在大多数情况下采用电网提供的交流电经过转换获得直流电源,即稳压电源. 稳压电源电路一般由变压器、整流电路、滤波电路、稳压电路几部分构成,如图 1-8-1 所示.

图 1-8-1 稳压电源结构

1.8.1.1 变压器

变压器的作用是将有效值为 220 V 的交流电压降为直流电源电路要求的交流电压值,为整流、滤波、稳压电路提供低压正弦激励,即图 1-8-3 中的 V_i.

变压器的主要参数有初级与次级变换传输比值以及输出功率. 变换传输比值由初级与次级匝数比决定,对于降压变压器,次级匝数小于初级匝数. 变压器输出功率决定次级最大允许电流,根据能量守恒原理,降压变压器次级电流大于初级电流,因此次级绕组线径必须大于初级绕组线径.

1.8.1.2 整流与滤波电路

如图 1-8-3 所示,全波桥式整流电路由四只整流二极管 $D_1 \sim D_4$ 组成. 如果整流电路的负载为纯电阻,整流电路则将 50 Hz 交流正弦波转变为 100 Hz 单向脉动波形,即图 1-8-2(a)中的虚线波形. 单向脉动波形的脉动系数(一次谐波幅度与直流分量之比)较大,理论值达 66.7%. 可以通过滤波电路来减少脉动系数,有效的方法是在全波桥式整流电路输出端并联一个电容,即图 1-8-3 中的 C_1. 当脉动波

形上升时电容 C_1 处于充电阶段,由于二极管内阻较低,电容 C_1 上的电压能够在较短的时间内到达脉动波形的峰值 V_m. 当脉动波形下降时电容 C_1 以非恒定电流 I_1 向负载电路放电,电容 C_1 上的电压逐步下降,直到下一个脉动上升波形的到来,又开始新的电容 C_1 充放电周期. 图 1-8-2(a)中的实线部分为滤波 C_1 上的电压波形,与全波整流脉动波形相比滤波电压波形的纹波显著减小.

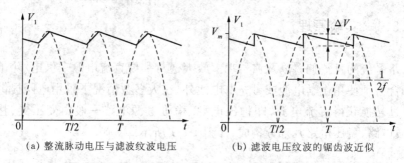

(a) 整流脉动电压与滤波纹波电压　　(b) 滤波电压纹波的锯齿波近似

图 1-8-2　全波整流脉动电压波形与电容滤波电压纹波

若欲减小滤波电压的纹波,则应增大电容 C_1 的数值. 工程上通过要求的纹波(脉动)系数 S 及最大负载电流 I_1 值来确定滤波电容 C_1 的数值. 为得到纹波系数 S 与负载电流 I_1 的近似关系,将滤波电压波形进行如图 1-8-2(b)所示的锯齿波近似,即电容 C_1 能够在极短的时间内充电至峰值 V_m,然后以最大电流 I_1 向负载电路恒流放电(由于 $I_1 \gg I_D$,因此 $I_1 \approx I_L$). 将 $\Delta V_1/2$ 估为滤波电压波形一次谐波幅度,其与 C_1 值的关系为

$$\frac{\Delta V_1}{2} \approx \frac{I_L}{4f \cdot C_1} \tag{1.8.1}$$

滤波电压波形平均值(直流分量)为

$$V_{1\_average} = V_m - \frac{\Delta V_1}{2} \tag{1.8.2}$$

滤波电压波形纹波系数为

$$S = \frac{\Delta V_1/2}{V_{1\_average}} \approx \frac{1}{4f \cdot C_1 \cdot \frac{V_m}{I_L} - 1} \tag{1.8.3}$$

因此,为满足要求的纹波系数 S 及最大负载电流 I_L 值而确定的滤波电容 C_1 数值为

$$C_1 \approx \left(1+\frac{1}{S}\right) \cdot \frac{I_L}{4f \cdot V_m} \tag{1.8.4}$$

如果市电频率 $f = 50\text{ Hz}$,变压器次级电压峰值 $V_m = 12\text{ V}$,要求电路负载电流 $I_L = 1\text{ A}$,纹波系数 $S = 10\%$. 那么滤波电容 C_1 数值大致取为

$$C_1 \approx \left(1+\frac{1}{10\%}\right) \times \frac{1}{4\times 50 \times 12} = 4\,583 \approx 4\,700(\mu\text{F}) \tag{1.8.5}$$

1.8.1.3 稳压电路

虽然经过整流与滤波可以得到比较平滑的直流电压,但由于市电波动以及负载的变化等因素的影响,滤波电压也随之变化. 稳压电路的作用就是通过电压负反馈来实现直流电源输出电压的稳定.

稳压电路由基准电压、取样、误差放大和电流放大、输出滤波等电路构成. 如图 1-8-3 所示,基准电压电路由电阻 R_1 和 Zener 二极管 D_5 组成,D_5 工作于反向击穿状态,D_5 上的电压 V_Z 几乎不随电流而变. R_1 为 Zener 二极管 D_5 限流电阻,取值为

$$R_1 \approx \frac{V_{1\_min} - V_Z}{I_D} \tag{1.8.6}$$

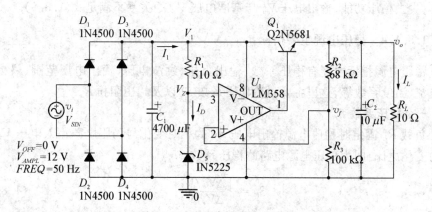

图 1-8-3　稳压电源电路原理图

如果变压器次级电压峰值 $V_{1\_min} = 9\text{ V}$,Zener 二极管反向击穿电压 $V_Z = 3\text{ V}$,工作电流 $I_D = 12\text{ mA}$. 那么限流电阻 R_1 取值为

$$R_1 \approx \frac{9-3}{12} = 0.5(\text{k}\Omega) \approx 510(\Omega) \tag{1.8.7}$$

取样电路由 R_2，R_3 构成，它将稳压电源输出 V_o 的进行分压，反馈至运算放大器的反相输入端，与运算放大器同相端的基准电压 V_z 进行误差比较放大。经过功率晶体管 Q_1 的电流放大，使负载 R_L 上得到稳定的直流电压 V_o。

当电路输出电压 V_o 偏离规定值时，采样电压 V_f 也偏离基准电压 V_z。由于运算放大器处于深度负反馈状态，因此能够在很短的时间内反方向调整电路输出电压 V_o，使采样电压 V_f 回到基准电压值上。所以在稳压电源正常工作时，采样电压 V_f 总是与基准电压 V_z 相等。由此，可以得到输出电压 V_o 与基准电压 V_z 的关系为

$$V_o = \left(1 + \frac{R_2}{R_3}\right) \cdot V_z \qquad (1.8.8)$$

式(1.8.8)表明，人为调整取样电阻 R_2 与 R_3 比值能够获得所需的输出电压 V_o，但稳压电源电路的最大调节范围还受运算放大器的输出动态范围的限制。

当 R_2/R_3 值变大时，采样电压 V_f 将向低于基准电压 V_z 的方向偏离，运算放大器试图通过增加输出电压 V_f 来提高采样电压 V_f 值，以使采样电压 V_f 回到基准电压值上。但是，由于运算放大器的最大输出电压不能超过其偏置电压(即滤波电压 V_1)值，如果 R_2/R_3 值太大，则运算放大器无法输出超过其动态范围的电压，因此采样电压 V_f 将无法自动调整到基准电压值上。此时稳压电源电路不能正常工作，失去稳压功能，输出电压 V_o 与基准电压 V_z 的关系不满足式(1.8.8)。

1.8.1.4 稳压电源主要指标

稳压电源指标主要有稳压系数、输出阻抗、纹波电压、输出电压范围、最大输出电流、温度系数等，这里主要讨论稳压系数 S_r 以及输出阻抗 R_o。

一、稳压系数 S_r

负载 R_L 固定时稳压电源输出电压 V_o 的相对变化与稳压电源输入电压 V_i 的相对变化之比，即为稳压电源电路的稳压系数 S_r：

$$S_r = \left|\frac{\Delta V_o/V_o}{\Delta V_i/V_i}\right| \qquad (1.8.9)$$

工程上将市电电压波动±10%作为极限条件，因此通常取 $\Delta V_i/V_i = 20\%$。

二、输出阻抗 R_o

输出阻抗 R_o 表示稳压电源电路输出电压 V_o 受负载 R_L 变化的影响程度，反映稳压电源电路的负载电流驱动能力。

输出阻抗 R_o 的测量方法是通过测量稳压电源电路接入负载前后输出电压 V_o

的变化来求出输出电阻 R_o. 首先不接入负载电阻 R_L,测出稳压电源电路输出电压平均值 V_{o1}(开路电压),然后接入适当的负载电阻 R_L,再测出输出电压平均值 V_{o2},由此求出输出电阻 r_o:

$$r_o = \frac{V_{o1} - V_{o2}}{V_{o2}} \cdot R_L \quad (1.8.10)$$

1.8.2 实验内容

对如图 1-8-3 所示的稳压电源电路进行瞬态仿真分析.

信号源为正弦电压源 $V_{SIN}(V_{OFF} = 0 \text{ V}, V_{AMPL} = 12 \text{ V}, FREQ = 50 \text{ Hz})$. 仿真设置为"Time Domain(Transient):Run to(100 ms),Start saving data(50 ms),Maximum step(0.05 ms)".

1.8.2.1 输出电压范围分析

当负载电阻 $R_L = 10 \text{ Ω}$,输出电压采样电阻 R_2 为 68 kΩ,采样电阻 R_3 分别为 1 GΩ,200 kΩ,100 kΩ,56 kΩ,33 kΩ 时,分别测量稳压电源输出电压采样值 V_f 及输出电压值 V_o. 通过 V_f 与 V_z 测量值的比较,得出稳压电源输出电压范围 V_{omin},V_{omax}.

1.8.2.2 稳压系数分析

负载电阻 $R_L = 10 \text{ Ω}$,电压采样电阻 $R_2 = 68 \text{ kΩ}$,$R_3 = 100 \text{ kΩ}$.

输入正弦电压 V_i 幅度由 12 V 改变 ±10%(10.8~13.2 V,$\Delta V_i/V_i = 20\%$),观察输出电压平均值 V_o 随输入正弦电压幅度改变而变化的情况.测量输出电压平均值的变化 ΔV_o,计算稳压电源的稳压系数值 S_r.

使用参数扫描方法,步骤如下:

双击正弦电压 V_i 幅度值 V_{AMPL},在出现的"Display Properties"窗口中将值改成{Vval}.按"OK"钮.

再执行"Place/Part"命令,从 SPECIAL 库调出 PARAM 符号,放于原理图中空处位置.双击 PARAM 符号,编辑该元件属性参数,按"New Column"按钮,在出现的"Add New Column"窗口中,"Name"填入"Vval"、"Value"填入"12 V".按"OK"钮.

然后执行"PSpice/Edit Simulation Profile"命令,在 Options 框中选择"Parametric Sweep".在 Sweep Variable 中,选择"Global Paramater".在 Paramater

中填"Vval". 在 Sweep type 中"Start"取"10.8 V","End"取"13.2 V","Increment"取"1.2 V",按确定钮.

瞬态仿真其他设置参数不变.

1.8.2.3 输出阻抗分析*

电压采样电阻 $R_2 = 68$ kΩ, $R_3 = 100$ kΩ. 输入正弦电压 V_i 幅度 $V_{AMPL} = 12$ V. 为减小测量误差,应选择适当的负载电阻 R_L,使输出电压平均值 V_{o2} 达到开路($R_L = 1$ GΩ)输出电压平均值 V_{o1} 的 1/2 左右.

根据测得的 V_{o1}, V_{o2} 数据,计算稳压电源的输出阻抗 R_o(内阻).

1.8.2.4 滤波电压纹波分析*

一、滤波电容值对纹波的影响

负载电阻 $R_L = 10$ Ω,电压采样电阻 $R_2 = 68$ kΩ, $R_3 = 100$ kΩ.

使用参数扫描方法,改变滤波电容值 C_1 分别为 $1000 \sim 5000$ μF,变化步长为 1000 μF. 观察 V_1 纹波峰峰值 ΔV_1 随滤波电容值 C_1 改变而变化的情况. 测量不同滤波电容值 C_1 所对应的 V_1 纹波峰峰值 ΔV_1 与纹波系数 S.

二、负载电流对纹波的影响

滤波电容值 $C_1 = 4700$ μF,电压采样电阻 $R_2 = 68$ kΩ, $R_3 = 100$ kΩ.

使用参数扫描方法,改变负载电阻值 R_L 分别为 $10 \sim 50$ Ω,变化步长为 10 Ω. 观察 V_1 纹波峰峰值 ΔV_1 随负载电阻值 R_L(负载电流 I_L)改变而变化的情况. 测量不同负载电阻值 R_L(负载电流 I_L)所对应的 V_1 纹波峰峰值 ΔV_1 与纹波系数 S.

1.8.2.5 数据记录

一、输出电压范围

项目	采样电阻 $R_3(\Omega)$	输出平均 $V_o(V)$	采样反馈 $V_f(V)$	基准电压 $V_Z(V)$	最低输出 $V_{omin}(V)$	最高输出 $V_{omax}(V)$
数据	1 G					
	200 k					
	100 k					
	56 k					
	33 k					

二、稳压系数

项目	输入幅度 V_i(V)	输出平均 V_o(V)	ΔV_o (V)	$\Delta V_o/V_o$ (%)	$\Delta V_i/V_i$ (%)	稳压系数 S_r(%)
数据	10.8		/////////	/////////	/////////	/////////
	12.0				20	
	13.2		/////////	/////////	/////////	/////////

三、输出阻抗

项目	负载电阻 R_L(Ω)	输出平均值 V_o(V)	输出阻抗 R_o(Ω)
数据	1 G		

四、滤波电压纹波

项目	滤波电容值对纹波的影响				负载电流对纹波的影响				
	C_1 (μF)	ΔV_1 (V)	V_1 (V)	S (%)	R_L (Ω)	I_L (mA)	ΔV_1 (V)	V_1 (V)	S (%)
数据	1 000				10				
	2 000				20				
	3 000				30				
	4 000				40				
	5 000				50				

§1.9 OrCAD 使用指南

1.9.1 电路原理图输入 Capture

1.9.1.1 电路原理图的基本结构

根据所绘电路图的规模和复杂程度的不同,分别采用 3 种不同的电路图结构.

1. 单页图纸结构(One Sheet)

若电路图规模不大,可将整个电路图绘制在同一张图纸中.

2. 平铺式电路图设计(Flat Design)

如果电路图规模较大,可以将整个电路图分为几张图纸绘制,各张图纸之间的电连接关系用端口连接器(off-page connector)表示.

3. 分层式电路图设计(Hierarchical Design)

对于复杂电路系统的设计通常采用自上而下的分层结构.首先用框图形式设计出总体结构,然后分别设计每一个框图代表的电路结构.每一个框图的设计图纸中可能还包括下一层框图,按分层关系将子电路框图逐级细分,直到最底一层完全为某一子电路的具体电路图.每一框图相互之间是分层调用关系,子电路可以在多处被调用.

1.9.1.2 设计项目管理

Capture 项目管理器中包含了电路设计文件、中间结果输出文件与 PSpice 资源文件等 3 类文件.

一、电路设计文件

项目管理器中 Design Resources 部分包括有与电路图有关的 3 种文件:

1. 电路图文件

生成的电路图存放在以 DSN 为扩展名的文件中.每一张电路图内容对应一页(PAGE).

2. 电路图专用符号库

在电路图绘制过程中,提取所有采用过的元器件图形符号,产生有关该电路图专用的符号库.

3. 当前配置的图形符号库

在项目设计时,必须预先配置电路设计所需的符号库(以 OLB 为扩展名).

二、中间结果输出文件

完成电路图设计以后,对电路图进行多种后处理所产生的输出文件,如 Session Log 文件、Netlist 文件等.

三、PSpice 资源文件

1. Simulation Profiles

仿真分析参数设置文件.PSpice 运行时根据参数设置的要求分析相应的电路特性.

2. Include Files

一些 Profile 中未包括的分析参数设置可以放在一个以 INC 为扩展名的文件中. 一般情况下, 进行电路仿真时可以不需要 Include Files.

3. Model Libraries

供电路仿真使用的各种商品化元器件特性数据库、设计者创建的元器件特性库.

4. Stimulus Files

电路仿真时, 如果采用激励信号编辑器 StmEd 产生激励信号波形, 则存放在以 stl 为扩展名的文件中.

1.9.1.3 PSpice 数据表示

一、单位

PSpice 采用单位缺省表示, 时间单位为 s、电流单位为 A、电压单位为 V、频率单位为 Hz、功率单位为 W 等, 代表单位的字母可以省去. PSpice 在运行过程中, 能够根据具体对象自动确定单位.

二、数据

PSpice 通常采用整数、小数和以 10 为底的指数等方式表示数据. 用指数表示时, 字母 E 代表作为底数的 10. 对于比较大或比较小的数字, 还可以采用 10 种比例因子, 如表 1-9-1 所示. 例如, 1.23 k、1.23E3 和 1 230 均表示同一个数.

表 1-9-1 比例因子

符号	比例因子	名称	符号	比例因子	名称
f	10^{-15}	飞(femto-)	m	10^{-3}	毫(milli-)
p	10^{-12}	皮(pico-)	k	10^{+3}	千(kilo-)
n	10^{-9}	纳(nano-)	Meg	10^{+6}	兆(mega-)
μ	10^{-6}	微(micro-)	G	10^{+9}	吉(giga-)
mil	25.4×10^{-6}	密耳(mil)	T	10^{+12}	太(tera-)

1.9.1.4 元件(Part)与库(Library)

元件(Part)就是实际电路器件的计算机描述, 它包括器件参数(Parameter)、符号(Symbol)、封装(Package). 参数主要用于电路的仿真, 符号用于表示原理图, 封装是指元件的尺寸、管脚排列等信息, 主要用于印刷电路板制作.

库(Library)是一个文件,为元件的集合.功能类似或属于同一器件生产商的元件通常放在同一个库文件中.必须添加并打开相应的库文件,才能在原理图中放置一个所需的器件.

一、元件类型与编号

在电路图绘制过程中,每个元器件符号均按放置次序自动进行编号,电路图中各元器件编号的第一个字母按表 1-9-2 所规定的字母代号赋值.例如电阻编号为 R_1, R_2 等,二极管的编号为 D_1, D_2 等,双极晶体管的编号为 Q_1, Q_2 等.

表 1-9-2 元器件字母代号

代号	元器件类别	代号	元器件类别	代号	元器件类别
B	GaAs 场效应管	J	结型场效应管	S	电压控制开关
C	电容	K	互感,传输线耦合	T	传输线
D	二极管	L	电感	U	数字电路单元
E	电压控制电压源	M	MOS 场效应管	UTIM	数字电路激励源
F	电流控制电流源	N	数字输入	V	独立电压源
G	电压控制电流源	O	数字输出	W	电流控制开关
H	电流控制电压源	Q	双极晶体管	X	单元子电路调用
I	独立电流源	R	电阻	Z	绝缘栅双极晶体管

二、元器件符号库

OrCAD/Capture 元器件符号库文件由以下 4 种库文件构成.

1. 商品化元器件符号库

半导体器件和集成电路元器件符号库.元器件符号库文件的名称有 2 类:

一类以元器件的类型为库文件名.例如,TTL74 系列数字电路器件库文件名以"74"开头,CMOS4000 系列数字电路器件库文件名为"CD4000",双极晶体管器件库文件名为"BIPOLAR",运算放大器库文件名为"OPAMP"等.

另一类以元器件生产商名称命名库文件.例如,西门子半导体器件库文件名为"SIEMENS",摩托罗拉半导体器件库文件名以"MOTOR 开头"等.

2. 常用的非商品化元器件符号库

包括以下 4 种常用器件符号库文件.

ANALOG 库包括模拟电路中的各种无源元件,如电阻、电容、电感等元器件符号.

BREAKOUT 库包括参数按规律变化的各种无源元件及各种半导体器件,可用于统计仿真分析.

SOURCE 库包括各种电压源和电流源符号,用于电路仿真分析的输入激励信号.

SOURCSTM 库包括采用 StmEd 模块设置信号波形的激励信号源符号.

SPECIAL 库包括一些特殊符号,在进行某些类型电路特性分析以及在电路分析中进行某些特殊处理时将要采用这些符号.

3. Design Cache 库

在电路图绘制过程中自动形成的专用符号库文件,包括曾经采用过的各种元器件符号.

4. CAPSYM 库

库文件包括电源符号(Power)、接地符号(Ground)、电连接标识符(Off-Page Connector)、分层电路设计中的框图端口(Hierarchical Port)和图纸标题栏(Title Block)等符号.

三、创建新元件

如果元器件符号库中没有电路设计所需的元件,则可在原理图编辑器界面,创建新元件. 例如,创建新元件 NPN 三极管 Q9013,$\beta \approx 180$. 可按下列步骤进行.

步骤 1 执行"File/New/PSpice Liberary"命令. 出现"PSpice Model Editor"界面.

步骤 2 在"PSpice Model Editor"界面,执行"Model/New",出现的"New…"对话框.

步骤 3 在对话框 Model 栏中填写"Q9013",即为欲创建的新元件名;在 From 栏选择"Bipolar Transistor";在 Polarity 选择"NPN",按"OK"按钮.

步骤 4 按"Forward DC Beta"按钮,以设定三极管 β 值.

步骤 5 在"Forward DC Beta"表格中填入若干(I_C,h_{FE})数值,如(0.01 mA,179),(1 mA,180),(1 A,179).

步骤 6 执行"Tools/Extract Parameters"命令(参数提取).

步骤 7 执行"File/Save As…"命令,在"另存为"对话框中填写新元件保存路径,如"C:\MyDocument",填入库名如"MyLibrary",按"保存"按钮.

步骤 8 执行"File/Create Capture Parts…"命令,在"Create Parts for Library"对话框中,按"Enter Input Model Library:"栏的"Browse…"按钮以选择创建新元件路径,如"C:\MyDocument\MyLibrary". 按"OK"按钮.

步骤 9 在出现的新元件检查结果窗口,如"E:\MyDocument\MyLibrary"窗口,按"OK"按钮.

步骤 10 关闭"PSpice Model Editor"窗口.

1.9.1.5 元器件的放置(Place/Part)

从 OrCAD/Capture 系统配置的元器件符号库中调出所需的元器件符并按一定的方位放置在电路图中的合适位置.

(1) 执行"Place/Part"命令,出现元器件符号选择窗"Place Part".

(2) 在元器件符号"Part"列表框中选择所需的元器件名,单击"OK".

(3) 如果"Part"列表框中没有所需的元器件名,则可在元器件符号库"Libraries"列表框中选择所需的元器件所在的符号库名称,再进行步骤(2)的操作.

(4) 如果元器件符号库"Libraries"列表框中没有所需元器件所在的符号库名称,则可按"Add Library…",在出现的"Browse File"对话框中,使元器件符号库"搜寻"路径为"C:\Program Files\OrCAD 9.2\Capture\Library\PSpice",选择所需的元器件所在的符号库名称,单击"打开".再进行步骤(2)和(3)的操作.

(5) 将元器件符号放置在电路图的合适位置.通过步骤(2)被调至电路图中的元器件符号将附着在光标上并随着光标的移动而移动.移至合适位置时点击鼠标左键,即在该位置放置一个元器件符号.这时继续移动光标,还可在电路图的其他位置继续放置该元器件符号.

(6) 结束元器件的放置.可按 ESC 键以结束绘制元器件状态,也可按鼠标右键,屏幕上将弹出快捷菜单,选择执行其中的"End Mode"命令即可结束绘制元器件状态.

1.9.1.6 电源与接地符号的放置(Place/Power 和 Place/Ground)

一、"电源"和"接地"符号

OrCAD/Capture 符号库中有两类电源符号.

第一类为 CAPSYM 库提供的 4 种"电源"符号以及 4 种"接地"符号,该类符号在电路原理图中只表示该处与某一电源相连.V_{DD},V_{EE} 等都是这种类型电源符号.

第二类为 SOURCE 库中提供的"电源"以及"接地"符号.在电路原理图中该类"电源"符号代表某种激励电源,通过设置可以赋予电平值,而该类"接地"符号代表电位为零的电平参考点.

二、"电源"和"接地"符号的使用

(1) 模拟电路中的直流电压源(或电流源)、交流和瞬态信号源以及数字电路中的输入激励信号源均通过执行"Place/Part"命令,从 SOURCE 库(或 SOURCSTM 库)中获得.

(2) 数字电路输入端的高电平信号和低电平信号均通过执行"Place/Power"命令,从 SOURCE 库中获得"\$D-HI"和"\$D-LO"两种符号.

(3) 为了对模拟电路进行仿真分析,电路中必须有一个电位为零的电平参考点.该零电位接地符号通过执行"Place/Ground"命令从 SOURCE 库中获得名称为"0"的符号.

(4) 如果使用了 CAPSYM 库中的电源或接地符号,则还需要调用 SOURCE 库中的符号,并使两者用电路相连,以进一步说明这些电源和接地符号的电平值.

1.9.1.7 端口连接符号的放置(Place/Off-Page Connector)

对于规模较大的电路设计,采用平铺式电路图方案,以端口连接符(Off-Page Connector)表示各电路图之间的连接关系.

执行"Place/Off-Page Connector",可在各单页电路图中放置端口连接符.

存放在 CAPSYM.OLB 库中的端口连接符号有两种,符号名分别为"OFFPAGELEFT-L"和"OFFPAGELEFT-R".放置到电路图中后,可以对符号名进行编辑修改.

1.9.1.8 互连线的绘制(Place/Wire)

在电路图中各元器件符号之间进行互连线绘制,实现各元器件之间的电连接.

一、绘制互连线的基本步骤

步骤 1 执行"Place/Wire"命令,进入绘制互连线状态,光标形状由箭头变为十字形.

步骤 2 将光标移至互连线的起始位置处,按鼠标左键从该位置开始绘制一段互连线.

步骤 3 用鼠标或者键盘的方向键控制光标移动,随着光标的移动,互连线随之出现.

步骤 4 在电路图中的恰当位置处,按鼠标左键,以结束绘制当前段互连线.继续移动鼠标控制光标移动,以绘制下一段互连线.

步骤 5 如果互连线绘制完毕,则可单击鼠标右键,从快捷菜单中选择执行"End Wire"子命令,即可结束互连线绘制状态.

二、互连线与元器件的连接

绘制互连线时,必须使互连线端头与元器件引脚端头准确对接,以保证电学连接的正确性.如果电路图上元器件引脚端头处存在空心方形连接区,则元器件与其他元器件及其互连线之间无电学连接.如果元器件引脚端头处是实心方形连接区,则可以判断其电学连接正常.

三、互连线之间的连接

两条互连线交叉时,如果在交点处存在出现结点(Junction),则表示这两条互连线存在电学连接,否则这两条交叉互连线不存在电学连接.

为了使交叉互连线形成连接结点,可以人为放置电连接结点,详见"1.9.1.9 电连接结点的放置(Place/Junction)".

1.9.1.9 电连接结点的放置(Place/Junction)

在两条互连线交叉点处放置电连接结点,以实现互连线之间的电学连接.
(1) 执行"Place/Junction"命令,箭头状光标处出现实心圆点.
(2) 移动光标至互连线交叉点处.
(3) 按鼠标左键,在该处放置一个电连接结点.转步骤(2)可以继续放置其他电连接结点.
(4) 欲结束电连接结点的放置,可单击鼠标右键,从快捷菜单中选择执行"End Mode"子命令.

在绘制电连接结点的状态下,如果将带有实心圆点的光标移至一个电连接结点处并按鼠标左键,则该位置原有的电连接结点将被删除.

1.9.1.10 节点名的放置(Place/Net Alias)

电路原理图中,除了以连线表示各元器件之间的连接关系,还可通过放置相同节点名以实现电路中不同位置各节点之间的电学连接.
(1) 执行"Place/Net Alias"命令,出现"Place Net Alias"对话窗.
(2) 在"Alias"文本框中键入节点名,不区分字母大小写.
(3) 按"OK"按钮,则光标箭头处附着一个代表节点名的小矩形框.
(4) 将光标箭头指向欲放置节点名的互连线或总线上,按鼠标左键,即可将节点名设置于该位置.可以在电路中其他位置连续放置相同节点名.
(5) 欲结束节点名的放置,可单击鼠标右键,从快捷菜单中选择执行"End Mode"子命令.

1.9.1.11 总线

总线是一种具有多位信号的互连线,它由总线名以及总线引入线组成.在电路原理图中总线以粗线表示,以区别于一般的互连线.

总线名的基本格式为:总线名称[m .. n].m 和 n 代表总线信号位数的范围,总线位数为 n 与 m 之差再加 1.例如,"DATA[0 .. 7]"或"DATA[7 .. 0]"都表示 8 位 DATA 总线.

总线引入线用以表示总线上各个信号位的接入端.与节点名类似,引入线名是用来表示总线中各信号位与电路中其他节点之间的连接关系.例如,总线"DATA[0 .. 7]"可以有 8 个总线引入线,可能的引入线名为"DATA 0,DATA 1,…,DATA7".

放置总线的步骤如下:
步骤 1　执行"Place/Bus"命令,用互连线绘制类似的方法绘制总线.
步骤 2　执行"Place/Net Alias"命令,以基本格式设置总线名.
步骤 3　执行"Place/Bus Entry"命令,以放置总线引入线.
步骤 4　执行"Place/Net Alias"命令,以设置引入线名.

1.9.1.12　电路图的编辑修改

对已绘制的电路图进行移动、删除、复制等基本编辑修改操作.

一、被编辑对象的选中和去除选中

待编辑修改的对象必须先被选中,被选中的对象将以特定的颜色(默认为粉红色)显示.

1. 单个或多个对象的选中

用鼠标左键单击某个待编辑对象,可使其被选中.如果按下 Ctrl 键后再依次单击欲选中的对象,则可选中多个对象.

2. 区域内对象的选中

将光标移至某一位置后按下鼠标左键,然后在保持鼠标左键按下的同时拖动光标.当松开鼠标时,位于矩形框线内的所有对象均处于选中状态.如果按下 Ctrl 键,再选择其他区域,则可使多个区域内的对象同时处于选中状态.

3. 特定互连线的选中

选中某段互连线后,按鼠标右键,执行快捷菜单中的"Select Entire Net"命令,则与该段互连线相连的所有互连线均被选中.

4. 全部电路的选中

选择执行"Edit/Select All"子命令,可使当前页电路图中的所有对象均被选中.

5. 选中状态的去除

可用鼠标单击电路图上的空白位置,将使电路图中所有被选中的对象脱离选中状态.也可在按下 Ctrl 键的同时用鼠标点击其中某一个对象,将使其脱离选中状态.

二、被编辑对象的移动、方位与删除

1. 移动

按鼠标左键不放,将选中的被编辑对象拖动到新的位置后在放开鼠标.

2. 方位

选中被编辑对象后,按鼠标右键,执行快捷菜单中的"Mirror Horizontally"、"Mirror Vertically"或"Rotate"命令,可以使被编辑对象作水平镜向翻转、垂直镜向翻转或逆时针转 90°.

3. 删除

选中被编辑对象后,按 Del 键.

1.9.1.13 元器件属性参数的编辑修改

一、属性参数编辑

元件被选中后,执行"Edit/Properties"命令,进入属性编辑器(Properties Editor)界面.

属性编辑器由编辑命令按钮、参数过滤器(Filter)、电路元素类型选择标签和属性参数编辑工作区 4 部分组成.

1. 编辑命令按钮

由位于编辑器界面左上部的"New, Apply, Display, Delete Property"共 4 个按钮组成.

"New"按钮用于为选中的元件新增一个属性参数,"Apply"按钮用于更新被编辑元器件的属性参数,"Display"按钮用于设置属性参数的显示方式,"Delete Property"按钮用于删除选中的属性参数.

2. 参数过滤器(Filter)

每一种元器件属性参数很多,参数过滤器(Filter)的作用是有选择地显示所需参数.从 Filter 文本框右侧下拉式列表中选择某一类型后,参数编辑器中将只显示出元器件中与之相关的属性参数.

3. 属性参数类型选择标签

使用编辑器界面左下部的元器件(Parts)、节点(Schematic Nets)、元器件引线(Pins)和图纸标题栏(Title Block)共 4 个标签来选定编辑修改某类属性参数.

4. 属性参数编辑工作区

编辑器界面中部以表格形式显示的是参数编辑区.每一行对应一个电路元

素,最左边一格是元器件的编号名称及其所在的电路设计名和电路图纸名,右边单元格内是元器件属性参数值(Value).以斜体表示的参数值不允许修改.

二、元器件单项参数编辑

如果只修改其中一项参数(如元器件电阻 R_1,电阻值 4.7 kΩ),可按下述方法进行:

(1) 选中待修改的 R_1 电阻值 4.7 kΩ(注意不是选中整个 R_1 电阻符号),双击鼠标左键.

(2) 屏幕上出现"Display Properties"设置窗.

(3) 在 Value 文本框中键入新的电阻值,按"OK"按钮.

1.9.2 电路仿真 PSpice

1.9.2.1 输出变量表示

代表 PSpice 仿真分析结果的输出变量基本分为电压名和电流名两类.

一、基本表示

1. 电压变量的基本格式

V(节点号 1[,节点号 2])

V 是表示电压的关键字符,表示节点号 1 与节点号 2 之间的电压输出变量. 若省略节点号 2,则表示节点号 1 与地之间的电压输出变量.

2. 电流变量的基本格式

I(元器件编号[:引出端名])

I 是表示电流的关键字符. 对于两端元器件,不需要给出引出端名. 对无源两端元件,电流正方向定义为从 1 号端流进,2 号端流出. 对于独立源,电流正方向定义为从正端流进,负端流出. 对于多端有源器件,电流正方向定义为从引出端流入器件.

二、AC 分析表示

在交流小信号 AC 分析中的所有输出变量,除了可采用基本表示格式外,还可用 AC 分析格式表示.

V[AC 标示符](节点号 1[,节点号 2])

I[AC 标示符](元器件编号[:引出端名])

表 1-9-3 给出了可采用的 5 种 AC 标示符及其含义.

表 1-9-3　AC 分析中变量名标示符

标示符	含义	示例	示例说明
M	输出变量振幅	VM(C1:1)	电容 C1 的 1 号引出端上交流电压振幅
		IM(C1)	流过电容 C1 的交流电流振幅
DB	输出变量振幅分贝数	VDB(R1)	电阻 R1 两端的交流电压振幅分贝数
		IDB(R1)	流过电阻 R1 的交流电流振幅分贝数
P	输出变量相位	VP(R1)	电阻 R1 两端的交流电压相位
		IP(R1)	流过电阻 R1 的交流电流相位
R	输出变量实部	VR(Q1:C)	晶体管 Q1 集电极的交流电压实部
		IR(Q1:C)	流过晶体管 Q1 集电极的交流电流实部
I	输出变量虚部	VI(M2:D)	M2 晶体管漏极的交流电压虚部
		II(M2:D)	流过 M2 晶体管漏极的交流电流虚部

三、元件引出端名表示

用元器件编号及其引出端名表示的输出变量格式，就是将引出端名称放在关键词 V 或 I 后面，元器件编号名放在括号内。对于交流小信号 AC 分析，关键词后面还可附加表 1-9-3 所示的各种 AC 标示符。

1. 两端或多端元器件某一引出端上的电压变量表示

V[引出端名](元器件编号)

例如，V1(R2) 表示电阻 R2 的 1 号引出端上的电压，VC(Q3) 表示双极晶体管 Q3 的集电极电压。

2. 两端器件的两端电压变量表示

V(元器件编号)

例如，V(R1) 表示电阻 R1 两端的电压。

3. 多端元器件中某两个引出端之间的电压变量表示

V[引出端名 1][引出端名 2](元器件编号)

例如，VBC(Q2) 表示双极晶体管 Q2 的基极和集电极之间的电压。

4. 多端元器件某一引出端的电流变量表示

I[引出端名](元器件编号)

例如，IC(Q2) 表示流过双极晶体管 Q2 集电极的电流。

1.9.2.2 直流工作点分析(Bias Point)

一、仿真分析类型和参数的设置

执行"PSpice/New Simulation Profile"命令，或"PSpice/Edit Simulation Profile"命令，出现"Simulation Setting"窗。

在 Analysis type 栏选择"Bias Point"。可在 Output File Options 栏单独或共同选中 3 项选择：

1. 直流工作点分析设置

选择"Include detailed bias point information for nonlinear controlled sources and semiconductors"。

2. 直流工作点灵敏度分析设置

选择"Perform Sensitivity analysis"。

3. 直流传输特性分析设置(Transfer Function)

选择"Calculate small-signal DC gain"。在 From Input Source 栏填入输入信号源名，在 To Output 栏填入输出变量名。详见"1.9.2.1 输出变量表示"。

完成 Analysis 栏的设置后，按"确定"。

二、结果输出

执行"PSpice/Run"命令，PSpice 将仿真分析结果自动存入 OUT 文件中。

1. 对于直流工作点分析，PSpice 将各节点电压，各电压源的电流，总功耗以及所有非线性受控源和半导体器件的小信号(线性化)参数自动存入 OUT 输出文件中。

2. 对于直流传输特性分析，PSpice 首先计算电路直流工作点并在工作点处对电路元件进行线性化处理，然后计算出线性化电路的小信号增益、输入电阻和输出电阻并将结果自动存入 OUT 文件中。

1.9.2.3 直流特性扫描分析(DC Sweep)

当电路中第一参数(自变量)与第二参数(参变量)在一定范围内改变时，分析计算电路中输出变量的对应直流偏置特性。在分析过程中，将对电路做电容开路、电感短路、信号源取直流分量等处理。

一、仿真分析类型选择

执行"PSpice/New Simulation Profile"命令，或"PSpice/Edit Simulation Profile"命令，出现"Simulation Setting"窗。在 Analysis type 栏选择"DC Sweep"，出现仿真分析参数设置框。

二、自变量的设置

(1) 在 Options 框选择"Primary Sweep".

(2) 在 Sweep Variable 栏选择 5 种自变量中的一种.

若选定的自变量为独立源(Voltage Source 或 Current Source),则必须在 Name 栏键入独立源名称.

若自变量为全局参数(Global Parameter),则必须在 Parameter 栏键入全局参数名.

若自变量为模型参数(Model Parameter),则必须从 Model 栏的下拉列表中选择模型类型,在第二 Model 栏键入模型名称,在 Parameter 栏设置模型参数名称.

若自变量类型为温度(Temperature),则无需自变量名.

(3) 在 Sweep Type 栏选定 3 种自变量参数扫描方式的一种.

若选择线性扫描(Linear),则必须在 Start, End 和 Increment 栏分别键入自变量变化的起始值、终点值和步长.

若选择对数扫描(Logarithmic),则必须在 Start, End 和 Points/Decade 栏分别键入自变量变化的起始值、终点值和十倍量程点数.

若选择 Value List,则必须在 Value list 栏键入自变量变化的所有取值.

三、参变量的设置

如果 DC Sweep 分析中只有一个自变量参数,那么完成自变量参数设置后即可按"确定"按钮.

对于 DC Sweep 分析中除了具有自变量参数还存在参变量参数的情况,还应该在 Options 栏选择"Secondary Sweep",以设置参变量. 参变量参数设置方法与自变量参数设置完全相同.

四、结果输出

执行"PSpice/Run"命令,PSpice 将仿真分析结果自动存入 OUT 文件中.

1.9.2.4 交流小信号频率特性分析(AC Sweep)

当交流信号源的频率在设定范围内变化时,分析计算电路交流输出变量的对应变化.

一、激励信号源的放置

执行"Place/Part"命令,将电路原理图中的激励信号源替换成 V_{AC} 或 I_{AC} 交流信号源.

二、分析类型的选择

执行"PSpice/New Simulation Profile"命令,或"PSpice/Edit Simulation

Profile 命令",出现"Simulation Setting"设置窗.

在 Analysis 栏中选择"AC Sweep/Noise",出现交流小信号特性分析参数设置框.

三、分析参数的设置

(1) 在 AC Sweep Type 框选择线性扫描(Linear)或对数扫描(Logarithmic).

(2) 填写扫描起始频率(Start)、扫描结束频率(End). 对于 Linear 扫描必须填写扫描频率点总数(Total),对于 Logarithmic 扫描必须填写每十倍频程扫描点数(Points/Decade).

(3) Noise Analysis 框中的几项参数设置与噪声特性分析有关.

四、输出变量的确定

调用 Probe 模块,可观察不同节点处的频率响应曲线. 详见"1.9.2.7 波形显示和分析模块 Probe".

1.9.2.5 瞬态特性分析(Time Domain(Transient))

在给定输入激励信号作用下,计算电路的输出变量在不同时刻的数值,并由 Probe 模块显示瞬态响应时间波形.

一、仿真分析类型和参数的设置

(1) 执行"PSpice/New Simulation Profile"命令,或"PSpice/Edit Simulation Profile"命令,出现"Simulation Setting"设置窗.

(2) 在 Analysis 栏选择"Time Domain(Transient)",并填写仿真终止时间(Run to)、仿真起始时间(Start saving data)、仿真时间步长(Maximum step).

(3) 若选中"Skip the initial transient bias point calculation",则瞬态分析时将跳过初始偏置点的计算.

二、输出文件选项

(1) 按"Output File Option"按钮,以设置写入 OUT 文件中的瞬态分析结果内容.

(2) 在 Print values in the output 栏填写瞬态分析结果数据的时间步长.

(3) 如果选中"Include detailed bias point information for nonlinear controlled sources and semiconductor/(OP)"选项,则瞬态分析结果数据中将包含非线性相关源的偏置工作点信息.

(4) 如果选中"Perform Fourier Analysis"选项,则分析结果数据中将包含傅立叶分析数据.

三、傅里叶分析(Fourier Analysis)

通过傅里叶积分,计算瞬态分析结果波形中的直流分量、基波和各次谐波分量.方法是在输出文件选项中选择"Perform Fourier Analysis"选项,并对下列 3 项参数进行设置.

(1) 在 Center 栏,指定傅里叶分析的基波频率,基波周期应该小于瞬态分析结束时间.

(2) 在 Number of 栏,确定傅里叶分析计算的最高谐波阶数.

(3) 在 Output 栏,确定欲进行傅里叶分析的输出变量名,格式应符合 1.9.2.1 节的规定.

1.9.2.6 输入激励信号

对电路进行 DC Sweep, AC Sweep, Time Domain(Transient)仿真分析时,在电路输入端必须加入激励信号波形.PSpice 激励源包括参数设置型信号源符号库 SOURCE.OLB 和交互式编辑型信号源符号库 SOURCSTM.OLB 两大类.

一、SOURCE.OLB 符号库

SOURCE 符号库中包括直流电压源 V_{DC}、交流电压源 V_{AC}、脉冲电压源 V_{PULSE}、分段线性电压源 V_{PWL}、衰减正弦电压源 V_{SIN}、调频正弦电压源 V_{SFFM}、指数电压源 V_{EXP} 等 7 种模拟激励.电流源也有 7 种类似激励信号源,只是其名称以 I 开头.

对于 DC Sweep 分析,上述 7 种信号源均只需设置信号源参数中的直流值.

对于 AC Sweep 分析,除了直流源 V_{DC}(或 I_{DC})无作用外,其余 6 种信号源均只需设置信号源参数中的交流幅度值.

对于 Time Domain(Transient)分析,直流源 V_{DC}(或 I_{DC})与交流源 V_{AC}(或 I_{AC})无作用,其余 5 种信号源均为瞬态分析使用的激励信号波形.下面以电压源为例介绍这 5 种信号源:

1. 脉冲信号 V_{PULSE}

表 1-9-4 为脉冲电压源的 7 个参数,表 1-9-5 为电压源信号值与参数之间的时间关系.

表 1-9-4 脉冲信号源参数

参数	V_1	V_2	PER	PW	T_D	T_F	T_R
名称	起始电压	峰值电压	周期	宽度	延迟时间	下降时间	上升时间
单位	V	V	s	s	s	s	s

第1篇 模拟电子学基础实验

表 1-9-5 脉冲信号源电平值与参数的关系

时刻	0	T_D	T_D+T_R	T_D+T_R $+PW$	T_D+T_R+ $PW+T_F$	T_D+PER	T_D+PER $+T_R$
电平	V_1	V_1	V_2	V_2	V_1	V_1	V_2
周期	起始	延迟	上升	持续	周期结束	新周期开始…	

2. 分段线性信号 V_{PWL}

分段线性信号波形由几条线段组成. 设置方法是双击该信号源符号, 填写线段转折点的坐标数据.

3. 衰减正弦信号 V_{SIN}

表 1-9-6 为衰减正弦电压源的 6 个参数, 信号源时间波形与参数的关系如下:

当 $t \in [0, T_D)$ 时, $V_{SIN}(t) = V_{OFF} + V_{AMPL} \cdot \sin(2\pi \cdot PHASE/360)$;

当 $t \in [T_D, T_{STOP})$ 时,

$V_{SIN}(t) = V_{OFF} + V_{AMPL} \cdot e^{-D_F \cdot (t-T_D)} \cdot \sin[2\pi \cdot (FREQ \cdot (t - T_D) + PHASE/360)]$,

这里, T_{STOP} 为仿真分析终止时间.

表 1-9-6 衰减正弦信号参数

参数	V_{OFF}	V_{AMPL}	FREQ	PHASE	D_F	T_D
名称	偏置值	峰值振幅	频率	相位	阻尼因子	延迟时间
单位	V	V	Hz	°	1/s	s

4. 调频正弦信号 V_{SFFM}

表 1-9-7 为调频正弦电压源的 5 个参数, 信号源时间波形与参数的关系如下:

$V_{SFFM}(t) = V_{OFF} + V_{AMPL} \cdot \sin[2\pi \cdot (F_C + MOD \cdot \cos(2\pi \cdot F_M \cdot t)) \cdot t]$

表 1-9-7 调频正弦信号参数

参数	V_{OFF}	V_{AMPL}	F_C	MOD	F_M
名称	偏置值	峰值振幅	载波频率	调制指数	调制频率
单位	V	V	Hz	Hz	Hz

5. 指数信号 V_{EXP}

表 1-9-8 为指数电压源的 6 个参数, 信号源时间波形与参数的关系如下:

当 $t \in [0, T_{D1})$ 时, $V_{EXP}(t) = V_1$;

当 $t \in [T_{D1}, T_{D2})$ 时,$V_{EXP}(t) = V_2 - (V_2 - V_1) \cdot e^{\frac{t-T_{D1}}{T_{C1}}}$;

当 $t \in [T_{D2}, T_{STOP})$ 时,$V_{EXP}(t) = V_1 - (V_1 - V_2) \cdot e^{\frac{t-T_{D2}}{T_{C2}}}$.

表 1-9-8 指数信号参数

参数	V_1	V_2	T_{D1}	T_{C1}	T_{D2}	T_{C2}
名称	起始电压	峰值电压	上升延迟	上升时间	下降延迟	下降时间
单位	V	V	s	s	s	s

二、SOURCSTM. OLB 符号库

SOURCSTM 符号库中,包括电压源 V_{STM} 和电流源 I_{STM} 等两种模拟信号源. 这两种信号源的瞬态信号波形可以通过调用激励信号波形编辑模块 StmEd 进行设置.

选中电路原理图中的电源符号 V_{STM} 或 I_{STM},执行"Edit/PSpice Stimulus"命令,开启"Stimulus Editor"窗口,以生成所需的激励信号波形.

1. 脉冲、指数、调频和正弦激励信号波形的设置

在"Stimulus Editor"窗口,执行"Stimulus/New"命令,出现"New Stimulus"对话框. 在"Name"栏中填写新增信号源的名称,在"Analog"栏中选择 5 种激励信号波形中的一种,按"OK"按钮.

在弹出的对应信号波形参数设置框,填写了该种波形需设置的几个参数,按"OK"按钮,"Stimulus Editor"窗口将显示相应的信号波形.

执行"File/Save",保存激励信号波形设置结果.

2. 分段线性信号波形的设置

在"Stimulus Editor"窗口,执行"Stimulus/New"命令,出现"New Stimulus"对话框. 在"Name"栏中填写新增信号源的名称,在"Analog"栏选中"PWL(piecewise linear)",即分段线性信号波形,按"OK"按钮. 在"Stimulus Editor"窗口底部出现该信号源名称,光标成为画笔形状.

设置坐标轴范围和最小坐标分辨率,能够保证信号波形的精确绘制. 执行"Plot/Axis Settings"命令,出现"Axis Settings"对话框. 在"Displayed Data Range"栏设置显示坐标轴刻度范围,在"Extent of the Scrolling Region"栏设置可翻滚坐标轴范围,在"Minimum Resolution"栏设置坐标轴最小分辨度.

PWL 波形绘制方法是在"Stimulus Editor"窗中单击鼠标左键,就在光标当前位置设置了一个转折点. 系统自动在连续的转折点之间连成折线,形成 PWL 信号的完整波形. 按鼠标右键或按 ESC 键可结束波形绘制状态.

第 1 篇 模拟电子学基础实验

执行"File/Save"命令,保存激励信号波形设置结果.

3. 原有信号波形的显示与编辑

在"Stimulus Editor"窗口,执行"Stimulus/Get"命令,出现"Get Stimulus"对话框. 从当前激励信号波形列表中选择一个或多个信号名,按"OK"按钮,窗口中显示所选的激励信号波形.

执行"Tool/Options"命令,出现任选项参数设置框,可以对原有信号波形进行编辑.

1.9.2.7 波形显示和分析模块 Probe

通过对电路进行仿真分析,可调用 Probe 模块以交互方式直接在屏幕上显示不同节点电压和支路电流的波形曲线,实现"示波器"功能. 若需要,可以在每个信号波形上添加注释符号.

Probe 还可以对信号进行包括傅里叶变换在内的多种运算处理,直接得到多种参数的计算结果(如功率). Probe 窗口显示方式也可以按需要由波形曲线图形模式转换为数据描述文本模式.

一、仿真信号波形显示的基本步骤

(1) 在 Capture 界面,执行"PSpice/Run"命令,进行电路仿真分析后进入 Probe 窗口.

另外,也可以在 Capture 界面执行"PSpice/View Simulation Results"命令,以先前的电路仿真分析结果为 PROBE 数据输入文件,进入 Probe 窗口.

(2) 在 Probe 窗口,执行"Trace/Add Trace"命令,出现"Add Trace"对话框.

(3) 在"Simulation Output Variables"列表框选择欲显示分析结果的输出变量名,在"Functions or Macros"框选择 Analog Operators and Functions 中的分析运算符,被选中的变量名与运算符将依次出现在"Trace Expression"文本框中.

(4) 按"OK"按钮,在 Probe 窗口将显示与所选变量名及其运算对应的信号波形.

(5) 若需要,可在 Probe 窗口执行"Tools/Options"命令,在出现的"Probe Options"对话框中设置与波形显示有关的选项.

(6) 若需要,可在 Probe 窗口用光标指向某一条波形曲线后点击鼠标右键,以配置波形曲线显示属性和信息显示选项.

二、仿真信号的运算处理

Probe 窗口不但可以直接显示信号波形,而且可对信号波形进行运算处理并将结果波形显示出来. Add Trace 对话框中"Function or Macros"下列出了一些运算符、函数或宏.例如,可以用"DB(V(RL:2)/V(V1:+))"表示电路电压增益的分贝数.表 1-9-9 为 Probe 运算符,表 1-9-10 为 Probe 函数.

表 1-9-9 Probe 运算符

符号	含义	符号	含义
+	加	/	除
-	减	( )	分组
*	乘	@	指定模拟批次或文件名

表 1-9-10 Probe 函数

函数	含义	函数	含义
ABS(x)	绝对值 x	SIN(x)	正弦函数 $\sin(x)$
SGN(x)	等于+1(若 $x>0$),或 0(若 $x=0$),或 -1(若 $x<=0$)	COS(x)	余弦函数 $\cos(x)$
		TAN(x)	正切函数 $\tan(x)$
SQRT(x)	开平方 $x^{1/2}$	ATAN(x)	反正切函数 $\arctan(x)$
EXP(x)	以 e 为底数的 x 次方 e^x	ARCTAN(x)	反正切函数 $\arctan(x)$
LOG(x)	自然对数 $\ln(x)$	d(x)	求变量 x 对 x 轴的导数
LOG10(x)	常用对数 $\lg(x)$	s(x)	对变量 x 求积分
M(x)	x 的模值	AVG(x)	对变量 x 求平均
P(x)	x 的相位(单位为度)	AVGX(x, d)	从 $(x-d)$ 到 x 范围对 x 求平均
R(x)	x 的实部	RMS(x)	求变量 x 的均方根值
IMG(x)	x 的虚部	DB(x)	x 模的分贝数
G(x)	x 的群延迟(单位为秒)	MIN(x)	x 实部的最小值
PWR(x, y)	$\|x\|^y$	MAX(x)	x 实部的最大值

三、坐标轴的设置

在 Probe 窗口,执行"Plot/Axis Settings"命令,进入"Axis Setting"设置框.选择该框的 X Axis 或 Y Axis 标签,可进行坐标轴设置.例如,通过设置 X Axis 标签中的 Axis Variable,可以改变水平坐标轴的坐标定义.

四、两根 Y 轴的波形显示

为了同时显示幅度相差很大的两个以上波形,需要采用两根 Y 坐标轴.

1. 采用两根 Y 轴显示的步骤

在 Probe 窗口中显示电路分析结果中的第一个信号波形. 再执行"Plot/Add Y Axis", Probe 窗口上出现标号为 2 的 Y 轴, 原来的 Y 轴自动标为 1 号. 最后通过 Trace/Add Trace 显示电路分析结果中的第二个信号波形.

2. 两根 Y 轴的选中与删除

欲选中某号 Y 轴, 可用鼠标单击该号 Y 轴坐标线的左侧区域, 被选中的 Y 轴底部左侧产生"≫"符号.

执行"Plot/Delete Y Axis"命令, 可删除选中的 Y 轴.

五、标尺

标尺是 Probe 窗口显示信号波形特征数据的测量工具.

1. 标尺的启用

在 Probe 窗口中, 执行"Trace/Cursor/Display"命令, 即可启动两组十字形标尺, 同时出现标尺数据显示框. 若再次执行"Trace/Cursor/Display"命令, 则关闭标尺.

2. 标尺的控制

按鼠标左键可以拖曳第一组标尺沿信号波形移动, 按鼠标右键可以拖曳第二组标尺沿信号波形移动. 如果执行"Trace/Cursor/Freeze"命令, 将使两组标尺锁定在当前位置.

3. 标尺数据显示框

第一行数据为第一组标尺的 X 和 Y 坐标值. 第二行数据为第二组标尺的 X 和 Y 坐标值. 第三行数据为两组标尺的 X 和 Y 坐标之差. 可通过执行"Tools/Options"命令设置坐标数据的有效位数.

4. 波形特征点的定位

仿真信号波形上的特殊位置可通过标尺来定位, 表 1-9-11 为波形特征点的定位的标尺命令.

表 1-9-11　波形特征点标尺定位命令

Probe 命令	标 尺 定 位
Trace/Cursor/Peak	沿仿真信号波形移至下一个峰顶位置
Trace/Cursor/Trough	沿仿真信号波形移至下一个谷底位置
Trace/Cursor/Slope	沿仿真信号波形移至下一个斜率极大值位置
Trace/Cursor/Min	沿仿真信号波形移至最小值位置
Trace/Cursor/Max	沿仿真信号波形移至最大值位置
Trace/Cursor/Point	沿仿真信号波形移至下一个数据点位置

§1.10 放大器参数测试以及无源器件参数系列

1.10.1 放大器参数测试的实验方法

1.10.1.1 最大动态范围 V_{opp} 的测试

将信号源的输出端接到放大器的输入端,而放大器的输出端接到示波器的 Y 轴输入端.然后逐步加大(或减小)信号源的输出幅度,当示波器显示屏上的波形刚出现平顶限幅(失真)时的幅度,就是放大器的最大动态范围 V_{opp}.

1.10.1.2 放大器输入阻抗 r_i 的测试

r_i 的测试采用串联电阻方法.在被放大器与信号源之间串入一个已知标准电阻 R_n,通过分别测出放大器的输入电压 V_i 和已知标准电阻 R_n 上的电压,以确定放大器的输入电流进而求出被测放大器的输入阻抗 r_i.其原理如图 1-10-1 所示.

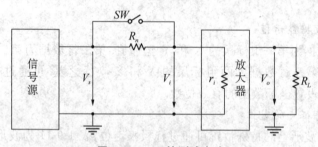

图 1-10-1 r_i 的测试方法

由于标准电阻 R_n 两端都不接地,使测试仪器和被测电路没有公共地线,因此直接用示波器准确测试 R_n 两端的电压比较困难.另外,由于受被测放大器输出最大动态范围的限制,当被测放大器的增益较大时,信号源输出电压波形的允许峰峰值非常小,因此放大器的输入电压 V_i 过小以致难以准确地测量.为此,通常是采用直接在放大器输出端测量电压波形的方法,求得被测放大器的输入阻抗 r_i.

如图 1-10-1 所示的开关 SW 闭合时,在放大器输出端测得放大器输出电压 V_{o1};SW 断开时,在放大器输出端测得输出电压 V_{o2}.由于 $V_{o1} = A_V \cdot V_s$,$V_{o2} = A_V \cdot V_i$,其中 A_V 为放大器电压增益,V_s 为信号源输出电压,V_i 为放大器输入电压.因此 r_i 可由下式求得：

$$r_i = \frac{V_i}{V_s - V_i} \cdot R_n = \frac{\dfrac{V_{o2}}{A_V}}{\dfrac{V_{o1}}{A_V} - \dfrac{V_{o2}}{A_V}} \cdot R_n = \frac{V_{o2}}{V_{o1} - V_{o2}} \cdot R_n \qquad (1\text{-}10\text{-}1)$$

只要保证晶体管工作在线性区域，并且信号源内阻 $R_s \ll R_n$，那么在放大器输出端测得的 r_i 与直接在放大器输入端测试所得的 r_i 是一致的.

在具体测试过程中还必须注意下列几点：

(1) 已知标准电阻 R_n 要选取适当. 若 R_n 太大，则 V_{o2} 太小，将使测试误差加大；若 R_n 太小，则 V_{o1} 与 V_{o2} 十分接近，两者相减的结果使 R_i 有效数据长度不足，也使 R_i 测试误差大大增加. 通常应使 $R_n \approx r_i$ 为宜. 为了测试方便，也可用电位器代替 R_n，测试时调节电位器使 $V_{o2} = 0.5 V_{o1}$，则电位器之值就是被测输入电阻 R_i.

(2) 如果被测输入电阻 r_i 很大(在数百千欧姆以上)，在测试过程中放大器输入端呈现高阻抗，容易引起各种干扰. 在这种情况下，放大器输入端应置于屏蔽盒内.

(3) V_s 不应取得太大，否则将使晶体管工作在非线性状态. 应该用示波器监视放大器的输出波形，使之在不失真的条件下测试.

(4) 测试过程中输入信号幅度必须保持不变，信号频率应选在所需工作频率上.

1.10.1.3 放大器输出电阻 r_o 的测试

放大器输出端可以等效成一个理想电压源 V_o 和输出电阻 r_o 相串联，如图 1-10-2 所示. 可以通过测量放大器接入负载前后输出电压 V_o 的变化求出输出电阻 r_o. 在放大器输入端加入一个固定电压峰峰值的信号，先不接入负载电阻 R_L，测出放大器的输出电压 V_{L1}(开路电压)，然后接入适当的负载电阻 R_L，再测出输出电压 V_{L2}，由此求出输出电阻 r_o：

$$r_o = \frac{V_{L1} - V_{L2}}{V_{L2}} \cdot R_L \qquad (1\text{-}10\text{-}2)$$

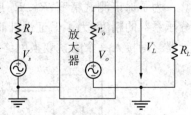

图 1-10-2 r_o 测试方法

在测试中必须注意以下几点：

(1) 为减小测试误差，仍应以选取 $R_L \approx r_o$ 为宜. 也可用电位器来代替 R_L，调

节电位器使 $V_{L2} = 0.5V_{L1}$，则电位器之值就是被测输出电阻 r_o。

(2) 应该用示波器监视放大器输出波形，保证在 R_L 接入前后都不失真的条件下测试。如果接入 R_L 后放大器输出波形产生失真，则应减小输入信号幅度。

(3) 测试过程中输入信号幅度必须保持不变，信号频率应选在所需工作频率上。

1.10.1.4　放大器增益的测试

一般情况下，输入信号幅度恰当，在输出波形不失真的条件下，只要分别测出输出、输入信号的幅度峰峰值大小，即可求出放大器的增益。

对于多级放大器，由于放大器增益很大，为使输出波形不失真，其输入信号一般都要小到毫伏级或微伏级，因而直接准确地测量输入信号的幅度峰峰值比较困难。因此可以在信号源与被测放大器之间接入一个分压器，如图 1-10-3 所示，其分压系数可由已知电阻 R_1、R_2 求得，这样就可以通过直接测量 V_o、V_s 来计算放大器增益：

$$A_V = \frac{R_1 + R_2}{R_2} \cdot \frac{V_o}{V_s} \tag{1-10-3}$$

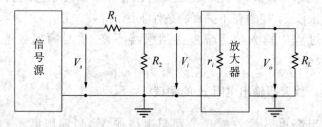

图 1-10-3　放大倍数测试(分压系数方法)

为了保证测试精度，R_1、R_2 应选择精密电阻，并且应使 $R_2 \ll r_i$，否则 r_i 将影响分压系数的精度。为了保证设计时所取的 r_i 值与测试时一致，也可在信号源和放大器之间接入一个阻抗变换网络，如图 1-10-4 所示。

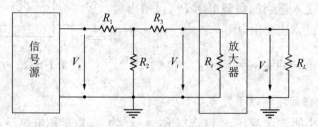

图 1-10-4　放大倍数测试(阻抗变换方法)

适当选取 R_3 之值,使其满足 $(R_1+R_s)/\!/R_2+R_3=R_s'$,其中 R_s' 为设计时给定的信号源内阻,通常 R_2 之值取得很小,满足 $(R_1+R_s)\gg R_2$,因此只要取 $R_2+R_3=R_s'$ 即可.因此放大器增益为

$$A_V=\frac{R_1+R_2/\!/(R_3+R_i)}{R_2/\!/(R_3+R_i)}\cdot\frac{V_o}{V_s}\approx\frac{R_1+R_2}{R_2}\cdot\frac{V_o}{V_s} \quad (1\text{-}10\text{-}4)$$

1.10.1.5 放大器幅频特性的测试

放大器的幅频曲线采用扫频逐点测试方法.通过逐步改变输入正弦信号的频率,测出不同频率时对应的放大器增益.在测试中应注意:

(1) 幅频曲线应在输出波形不失真的条件下测试.

(2) 幅频曲线的横坐标一般是对数坐标,因此在测试时应以指数规律选择信号源频率.

(3) 幅频曲线的纵坐标常用相对变化量 $A_V(f)/A_{Vm}$ 来标度(式中 A_{Vm} 为放大器的中频电压增益).因此在测试时,应采用示波器来监视信号源输出幅度并使其保持为某一固定值(如果在改变频率时,信号源输出幅度发生变化,应该做适当地调整).为了简化测试,可用 $V_o(f)$ 曲线来代替 $A_V(f)$ 曲线.

1.10.2 无源器件参数系列

1.10.2.1 电阻参数系列

电阻是耗能元件,用于电路的限流、分流、分压等.碳膜电阻成本较低、频率特性好、噪声小且尺寸小,适合于数字电路和无特殊要求的一般电路.金属膜电阻的耐热性、稳定性、频率特性都较好,常用于温度稳定性高、高频、低噪声、精密电路中.金属氧化膜电阻主要用于大功率电路.线绕电阻噪声小、温度系数小、频率特性差、外形尺寸大,主要用于高精度、低频、低噪声要求的电路.

一、电阻参数系列值

表 1-10-1 为不同精度等级的电阻系列值,可根据表中所列标称值乘以 10^N(N 为整数)以表示实际电阻的阻值.例如,标称值 4.7 可表示 4.7 Ω,47 Ω,470 Ω,4.7 kΩ,47 kΩ,470 kΩ,4.7 MΩ,47 MΩ,470 MΩ 等实际电阻值.在电路设计时,电阻元件的设计值可选择最接近标称系列值的数字,也可以采用不超过两个标称值电阻串并联的方法拟合设计值.

表 1-10-1 电阻标称值系列

精度	电阻标称值										
±5%	1.0	1.1	1.2	1.3	1.5	1.6	1.8	2.0	2.2	2.4	2.7	3.0
	3.3	3.6	3.9	4.3	4.7	5.1	5.6	6.2	6.8	7.5	8.2	9.1
±10%	1.0	1.2	1.5	1.8	2.2	2.7	3.3	3.9	4.7	5.6	6.8	8.2
±20%	1.0	2.2	3.3	4.7	6.8							

二、电阻的标识

电阻的标识一般采用文字符号标识和色环标识两种方法。在文字标识方法中,通常以单位符号代替小数点,例如 $4.7\ \mathrm{k\Omega}$ 的标识为 4k7。当前广泛使用色环来标识电阻,色环标识电阻的表面有不同颜色的色环,每一种颜色对应一个数字。色环所处位置可表示有效数字、指数或相对误差。色环颜色所对应的数值见表1-10-2。

三道色环电阻的第一、第二道色环表示标称值的第一和第二位有效数字,第三道色环代表指数,它的误差色环是本色(与电阻体同色),所以相对误差是±20%。

四道色环电阻的第一、第二道色环表示标称值的第一和第二位有效数字,第三道色环表示指数,第四道色环表示相对误差。

五道色环电阻的第一、第二、第三道色环表示标称值的第一至第三位有效数字,第四道色环表示指数,第五道色环表示相对误差。

表 1-10-2 色环对应的数值

颜色	棕	红	橙	黄	绿	蓝	紫	灰	白	黑	金	银	无
数字	1	2	3	4	5	6	7	8	9	0			
指数	10^1	10^2	10^3	10^4	10^5	10^6	10^7	10^8	10^9	10^0	10^{-1}	10^{-2}	
误差 ±‰	10	20			5	2.5	1				50	100	200

离电阻器端边最近的为首环,较远的为尾环。五环电阻器中,尾环的宽度是其他环的 1.5～2 倍。确定了首环和尾环(精度环)后,即可按图 1-10-5 中每道色环所代表的意义识别一个色环电阻标称值和精度。

例如一只电阻的色环按顺序为黄、紫、橙、金,则其阻值为 47 $\mathrm{k\Omega}$,相对误差为±5%。另一只电阻的色环为棕、紫、绿、金、棕,则其阻值为 17.5 Ω,相对误差为±1%。

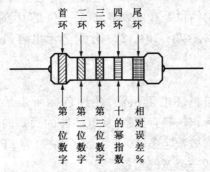

图 1-10-5　色环电阻示意图

1.10.2.2　电容参数系列

电容是电抗元件,通常用于隔直、滤波、旁路、信号调谐等电路中.一般电源滤波、低频耦合、退耦、旁路等通常选用电解电容,高频电路应选用高频瓷介电容、云母电容或聚丙烯电容.

一、电容参数系列值

表 1-10-3 为电容标称系列值,可根据表中所列标称值乘以 10^N(N 为整数)以表示实际电容值.例如,标称值 2.2 可表示 2.2 pF,22 pF,220 pF,2 200 pF,0.022 μF,0.22 μF,2.2 μF,22 μF,220 μF,2 200 μF 等实际电容值.

表 1-10-3　电容标称系列值

电容标称系列值											
1.0	1.1	1.2	1.3	1.5	1.6	1.8	2.0	2.2	2.4	2.7	3.0
3.3	3.6	3.9	4.3	4.7	5.1	5.6	6.2	6.8	7.5	8.2	9.1

二、电容的标识

电容的标识一般采用文字符号标识和色条标识两种方法.

1. 文字符号标识

体积较大的电容具有材料、标称值、单位、精度和额定工作电压等文字标识.体积较小的电容只具有电容量和单位文字标识,或只标注电容量不标注单位,此时规定当容量数字大于 1 时单位为 pF,小于 1 时单位为 μF.

例如一类电容文字标识为 10n,100n,4n7,其电容值分别为 0.01 μF,0.1 μF,4 700 pF.另一类电容文字标识为 4 700,300,0.22,0.01,其电容值分别为 4 700 pF, 300 pF, 0.22 μF, 0.01 μF. 还有一类电容文字标识为三位数码表示容量大小,单位是 pF,前两位是有效数字,最后一位是 10 的幂指数(第三位如果是 9,则表示 10^{-1}),如 332、473、104、229 分别表示电容值 3 300 pF、0.047 μF、0.1 μF、2.2 pF。

2. 色条标识

电容的色条标识与色环电阻相似,各种色标所表示的有效数字和指数见表 1-10-2. 电容的色条标识一般有三条,从电容器的顶端向引线方向,依次为第一位有效数字条、第二位有效数字条、10 幂指数条,单位为 pF. 若两位有效数字的色条是同一种颜色,就涂成一道宽的色条。

1.10.2.3 电感参数系列

电感是电抗元件,主要用于耦合、滤波、延迟、补偿、陷波、谐振电路等. 一般低频电感大多采用铁心(铁氧体芯)或磁芯,而中高频电感则采用空心或高频磁芯. 小型固定电感(色环电感)一般额定电流比较小,直流电阻较大,不易用做谐振电路. 以罐形磁芯制作的电感,具有较高的磁导率和电感量,通常应用于 LC 滤波器、谐振电路。

一、电感参数系列值

表 1-10-4 为电感标称系列值,可根据表中所列标称值乘以 10^N (N 为整数) 以表示实际电感值. 例如,标称值 4.7 可表示 4.7 μH、47 μH、470 μH、4.7 mH、47 mH、470 mH、4 700 mH 等实际电感值。

表 1-10-4 电感标称系列值

电感标称系列值										
1.0	1.1	1.2	1.3	1.5	1.6	1.8	2.0	2.2	2.4	2.7	3.0
3.3	3.6	3.9	4.3	4.7	5.1	5.6	6.2	6.8	7.5	8.2	9.1

二、电感的标识

电感的标识一般采用文字符号标识和色环标识两种方法. 文字符号标识包括电感量及单位,如 22 μ 表示 22 μH. 电感的色环标识与色环电阻的标识方法类似,单位为 μH.

第 2 篇　数字逻辑基础实验

ISE 是用于设计可编程逻辑器件的 EDA 设计工具,基本设计流程包括设计输入、功能验证、设计实现、时序仿真、数据下载 5 个步骤.

步骤 1　设计输入　产生顶层逻辑描述以及底层各类宏单元,并对这些宏单元作逻辑描述.

步骤 2　功能验证　对输入的设计进行验证,可定义需验证的输入和输出端口,在输入端口加适当的激励信号以观测输出信号的波形.如在功能验证阶段发现输入的设计有问题,应退回到设计输入部分修改设计.

步骤 3　设计实现　将所输入的设计转换为所选的可编程逻辑器件的数据文件.对于复杂可编程逻辑器件 CPLD,数据文件为熔丝图文件;对于现场可编程门阵列 FPGA,数据文件为结构文件.

步骤 4　时序仿真　类似于功能验证,但使用了器件时序分析后的数据,可定义需验证的输入和输出端口,在输入端口加适当的激励信号,然后观测输出信号的波形.与逻辑验证不同的是,时序仿真加入了器件所产生的延迟时间.如在时序仿真阶段发现输入的设计有问题,应退回到设计输入部分修改设计.

步骤 5　数据下载　将熔丝图文件的数据装入 CPLD,或将结构文件的数据装入 FPGA.通过数据下载,CPLD 或 FPGA 将具有具体的逻辑功能.

数字逻辑基础实验采用 ISE 软件对数字电路进行仿真分析,力求在较短时间内获得实验结果.本篇内容包括数字 EDA 软件入门、组合电路的分析和验证、组合电路(7 段译码器与编码器)的设计、层次化的设计方法(全加器设计)、迭代设计法(4 位全加器与数据比较器的设计)、算术逻辑单元的设计、触发器及基本应用电路、同步计数器与应用、顺序脉冲信号发生器、状态机设计(自动售货机)、交通灯控制器等 11 个数字逻辑基础实验.

§2.1　数字 EDA 软件入门

2.1.1　设计软件 ISE 的使用

在本实验中,利用 ISE 设计软件进行顶层为电原理图的设计,步骤如下:

步骤 1　进入设计环境

步骤 2　进入电原理图编辑器

步骤 3　编辑电原理图

步骤 4　设计后续处理(功能验证和时序仿真等)

2.1.1.1　进入设计环境

启动 ISE 设计软件可从"开始"菜单中选择"程序"→"Xilinx ISE9.1i"→"Project Navigator",也可在 Windows 的桌面上双击 Project Navigator 图标。

选择菜单命令"File/New Project"(如果打开 ISE 后,上面已经有存在的工程项目,则选择"File/Close Project"),如图 2-1-1 所示。

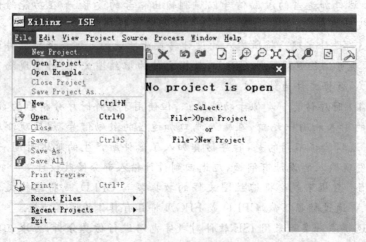

图 2-1-1　新建项目

进入新建项目向导,出现如图 2-1-2 所示的"Create New Project"对话框。

图 2-1-2　新建项目向导

在选择建立新项目时,填入相应的项目名称(可自行定义,如:EX1)、项目所在的目录(可按学号××××,如 E:\××××\Xilinx)、逻辑所采用的设计输入方法(采用电原理图选择 Schematic)。点击"Next"按钮,出现如图 2-1-3 所示的"Device Properties"对话框。

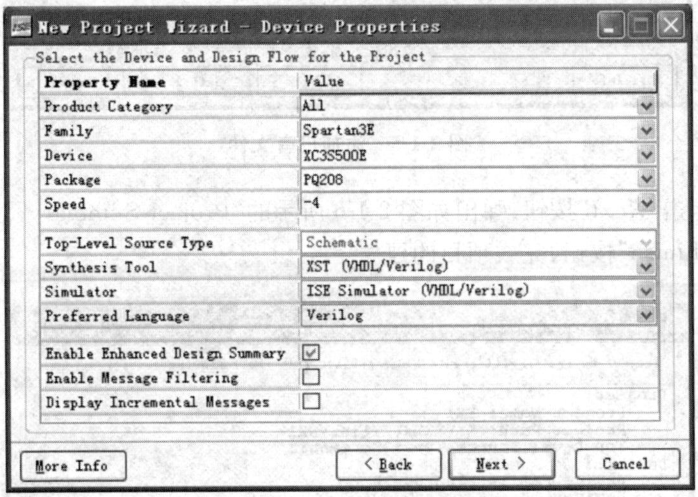

图 2-1-3　器件属性

选择器件系列(Spartan3E)、器件型号(XC3S500E)、器件封装(PQ208)、器件速度(-4)、综合工具(XST)、仿真工具(ISE Simulator)和硬件描述语言(Verilog)。点击"Next"按钮,出现如图 2-1-4 所示的"Create New Source"对话框。

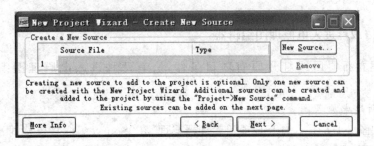

图 2-1-4　产生新文件

直接点击"Next"按钮,出现如图 2-1-5 所示的"Add Existing Sources"对话框。

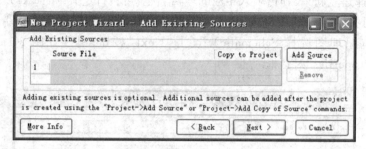

图 2-1-5　添加已有文件

直接点击"Next"按钮,弹出如图 2-1-6 所示的"Project Summary"对话框.点击"Finish"按钮,完成项目的建立.

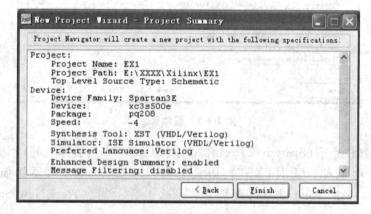

图 2-1-6　项目建立完成

2.1.1.2　进入电原理图编辑器

在建立新项目或打开原有项目条件下,有两种进入电原理图编辑器的方法.

1. 新建电原理图

在如图 2-1-7 所示的 ISE 项目管理器界面,在"Sources"框将鼠标对准所选项目名(如"EX1"),按鼠标右键选择"New Source"下拉菜单命令,进入新建文件向导对话框.

在如图 2-1-8 所示的"Select Source Type"对话框,选择"Schematic"(原理图),填入原理图文件名(如"sch1"),点击"Next"按钮.

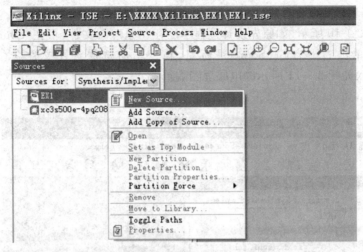

图 2-1-7　项目管理器界面

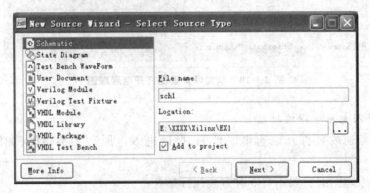

图 2-1-8　新建电原理图向导

在如图 2-1-9 所示的"Summary"对话框，点击"Finish"按钮，完成原理图文件的建立，进入如图 2-1-11 所示的电原理图编辑器.

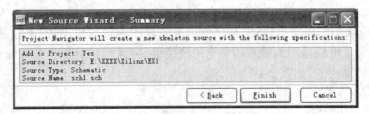

图 2-1-9　新建电原理图完成

2. 打开原有电原理图

如图 2-1-10 所示,如原先设计过程中已存在原理图文件,可在"Sources"文件管理栏中单击右下方的"Sources"标签,再双击所选原理图文件名(如"sch1.sch"),进入如图 2-1-11 所示的电原理图编辑器。

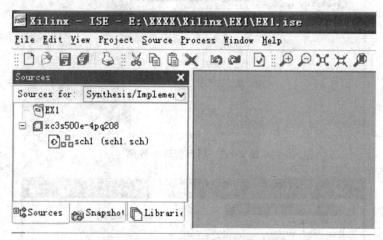

图 2-1-10　从文件管理栏打开电原理图

3. 进入电原理图编辑器

通过新建或者打开原有电原理图,可以进入电原理图编辑器,如图 2-1-11 所示。

在电原理图编辑器中有 3 种方式执行指令:

(1) 下拉菜单:在大多数情况下设计者可利用电原理图的下拉菜单进行操作。

(2) 热键:这些"热键"为列在下拉菜单内的指令,可以利用键盘执行各种指令,一些热键是功能键,一些热键是单个字母,另一些热键要求 Ctrl 或 Alt 键。

(3) 原理图编辑工具栏:工具栏位于电原理图编辑窗口上边、下拉菜单下面,工具栏包含了电原理图编辑常用命令的快捷键。将鼠标指针保持在按钮的上方可以看到它们的功能,如图 2-1-12 所示。

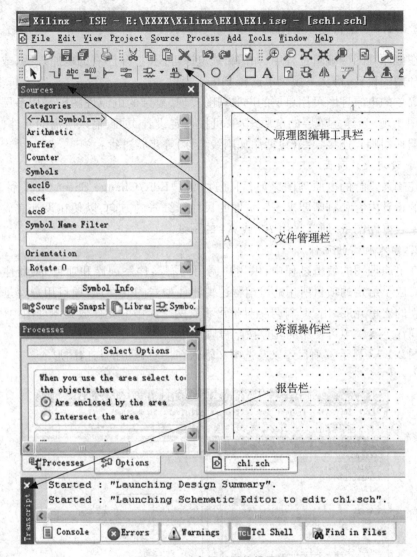

图 2-1-11　电原理图编辑界面

图 2-1-12　电原理图编辑工具栏按钮

2.1.1.3 编辑电原理图

在电原理图的编辑过程中,如需新建电原理图、打开已有的电原理图,或停止电原理图的设计,可从下拉菜单选择 File 子菜单.

简单的电原理图可用单层的电原理图实现,复杂的电原理图则需用多层的电原理图实现. 为建立单层的电原理图,可按设定设计页面、输入所需的元件(包括添加器件引脚)、连接导线(包括添加网线名称)等步骤进行:

1. 设定设计页面

在输入设计的电原理图之前,可通过执行"Edit/Change Sheet Size"命令,按所需的设计内容和打印要求设定页面的尺寸和纸张的方向,以便在设计完成后获得效果较好的图纸,通常采用 A3 或 A4 的图纸.

2. 输入所需的元件

在电原理图的编辑过程中,供用户调用的有器件系列库和项目库,器件系列库是对应于给定的项目所用的可编程逻辑器件型号的元件库,项目用户库是由用户建立的宏单元库. 用 SC 符号工具框可将这两个库中的元件放到原理图中. 每个库中列在工具框中可使用的元件按字母顺序排列.

图 2-1-13 显示了项目库以及选中 2 输入与门时调出的与门图形.

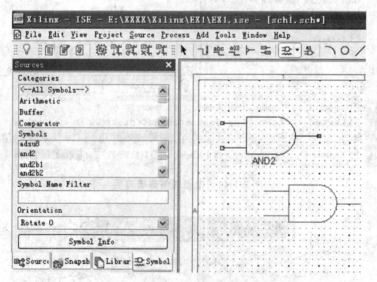

图 2-1-13 项目库以及选中 2 输入与门时调出的与门图形

在电原理图编辑器中输入元件的过程如下:

(1) 在菜单中,选中"Add→Symbols"或者点击文件管理"Sources"栏中的"Symbol"标签.即可显示库和所对应的元件.

(2) 从"Symbols"元件框下拉滚动条并点击或在框底部"Symbol Name Filter"处填入所需的元件名称即选中了相应的元件.此时被选中的元件符号将与鼠标的位置一起移动.

(3) 将鼠标移回原理图窗口.此时被选中元件的符号被鼠标拖着移动.移动符号到所需的位置,按下鼠标左键放置此元件.

当一个元件被重复多次使用时,可用复制的方法放置这些元件,而不必每次都从元件库中调用.复制的方法如下,先用鼠标点中所需复制的元件,在主菜单中选复制(COPY),然后按粘贴(PASTE),移动光标,将元件安放在合适的位置上.或在选择元件的状态下,点击所需复制的元件,此时需复制的元件符号将与鼠标的位置一起移动,在所需的位置按下鼠标左键即复制了此元件.

在本例中将输入图 2-1-14 所示的 2-4 译码器的电原理图.

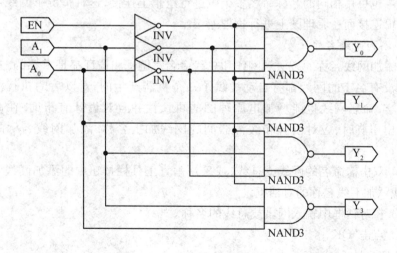

图 2-1-14　2-4 译码器的电原理图

此图涉及的主要器件有反向器(INV)和三输入与非门(NAND3),从库中调出了上述元件后,可采用复制的方法获得所需的元件.

3. 添加器件引脚

由于 ISE 软件是用于设计可编程逻辑器件的软件,因而在设计时,必须将输入输出信号定义在器件的某一个引脚上,顶层的电原理图除了表示逻辑功能的元件外,还包含了器件引脚所需的输入输出引脚(I/O Marker).

在如图 2-1-14 所示的原理图中需添加输入输出引脚,点击原理图编辑工具栏的"Add I/O Marker"(输入输出连接器)按钮,将鼠标移向某些元件的输入输出管脚,按鼠标左键完成系统输入或输出引脚放置.

4. 连接网线

用原理图编辑工具栏中的画线图标可以在原理图的不同元件之间画线(即网线).网线把元件之间需连接的信号点在物理上连接在一起.画网线连接元件的过程如下:

(1)点击垂直工具栏中的画线图标.

(2)确定需连接的两个元件的符号端口,点击网线起始的端口,再点击网线终止的端口,即在两端口之间将自动画上网线.如需对画的网线规定形状,可在所需的方向上移动鼠标,然后点击鼠标可产生 90 度角的弯曲.为在已有的网线和端口间连线,可点击端口一次,再点击已有的网线一次,这样一个接点在已有的网线上显示出来.

信号也可用相同的名称命名多个段进行逻辑上连接,这种情况下网线不必为进行逻辑连接而在原理图上进行物理连接.

5. 添加网线名称

用添加网线名称的方法对网线和总线命名对调试和仿真都是重要的.在设计中任何没有名字的网线都将自动被赋予一个机器产生的,对以后的执行没有影响的名字.命名网线也能增加电原理图的可读性并且对设计有帮助.在命名输入和输出引脚时,应对引脚和缓冲器间的网线加上名称.添加网线名称的过程如下:

(1)双击需命名的网线或总线,或采用垂直工具栏按钮中的添加网线名称按钮,出现添加网线名称的对话框.

(2)在对话框中输入网表或总线的名称.

(3)点击"OK".

6. 修改错误

如果在放置元件时出现错误,可移动和删除元件.

(1)按垂直工具栏按钮中的选中和拖曳按钮.

(2)选中想要移动或删除的元件.确认没有其他元件被选中(在空白处点击使所有元件不被选中).

(3)移动元件可点击并将元件拉至正确的位置.

(4)删除元件可按 Del 键或工具栏中的 Cut 图标.

7. 保存原理图

在所示例题的原理图完成后，应选中 File→Save 或点击工具栏中的保存图标保存电原理图文件。如在设计的过程中，需暂时中断编辑，也可用此方法保存文件，以便以后进一步修改电原理图文件。

在 ISE 软件的库中，三输入与非门(NAND3)有不同的形式，如 NAND3B1 的 1 个输入端为反向输入，NAND3B2 的 2 个输入端为反向输入，NAND3B3 的 3 个输入端为反向输入。采用上述器件的 2-4 译码器的电原理图如图 2-1-15 所示。

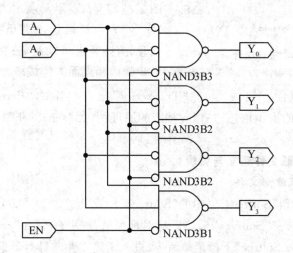

图 2-1-15 采用反向输入端与非门的 2-4 译码器电原理图

2.1.1.4 逻辑功能验证

功能验证就是通过对验证器运行仿真程序，以得到不同的输入信号对应的输出信号，以便检查所设计的电原理图是否与分析的结果相同。步骤包括设计综合、测试波形文件建立与编辑、逻辑功能仿真。

一、设计综合

在原理图文件已经保存的情况下(执行"File/Save"命令)，才能进行设计综合。ISE 软件将编辑完成的电原理图自动产生网表文件，以便通过逻辑功能验证器验证其逻辑功能。步骤如下：

(1) 在如图 2-1-10 所示的项目管理器界面，将鼠标对准所选原理图名(如"sch1.sch")，按右键选择"Set as Top Module"下拉菜单命令。

(2) 在"Sources"文件管理栏中单击"Sources"标签，从下拉栏选择

图 2-1-16 设计综合

"Synthesis/Implementation",再单击所选原理图文件名(如"sch1.sch")。

(3) 在"Processes"项目资源操作栏,点击"Processes"标签,双击"Synthesize-XST",开始进行设计综合.设计综合完成后如图 2-1-16 所示.

在"Synthesize-XST"上会显示一个小图标,"勾号"表示该操作步骤成功完成;"叹号"表示该操作步骤虽完成,但有警告信息,有些警告可以忽略;"叉号"表示该操作步骤因错误而未完成.

如果设计综合有错误,点击"Transcript"报告栏中的"Errors"标签,查看"Errors"窗口里的提示信息,并修改相应的原理图(如"sch1.sch"),然后保存再进行设计综合.

二、测试波形文件建立与编辑

1. 新建测试波形文件

点击文件管理"Sources"栏中的"Sources"标签以进入如图 2-1-17 所示的 ISE 项目管理器界面,在"Sources"框将鼠标对准所选原理图名(如"sch1.sch"),按鼠标右键选择"New Source"下拉菜单命令,进入新建文件向导对话框.

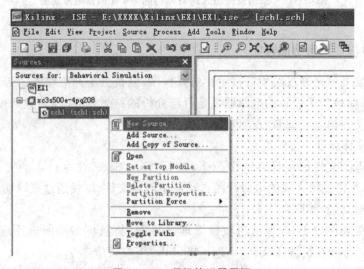

图 2-1-17 项目管理器界面

在如图 2-1-18 所示的"Select Source Type"对话框,选择"Test Banch WaveForm",填入测试波形文件名(如"test1"),点击"Next"按钮.

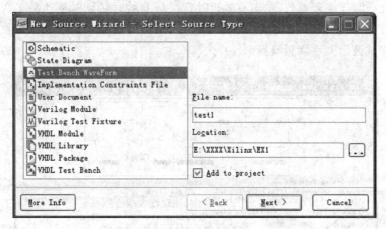

图 2-1-18　新建测试波形文件向导

在如图 2-1-19 所示的"Associate Source"对话框,选择需要仿真的相关原理图文件(如"sh1"),点击"Next"按钮.

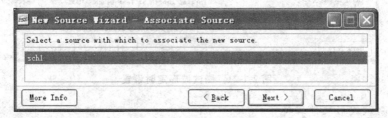

图 2-1-19　选择相关原理图文件

在如图 2-1-20 所示的"Summary"对话框,点击"Finish"按钮,完成测试波形文件的建立.

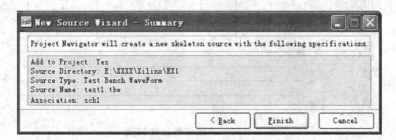

图 2-1-20　测试波形文件完成

随后进入如图 2-1-21 所示的测试波形定时设置对话框中,时钟高电平时间和时钟低电平时间一起定义了设计操作必须达到的时钟周期,输入建立时间定义了输入在什么时候必须有效;输出有效延时定义了有效时钟延时到达后多久必须输出有效数据.修改或者接受默认的定时设定,单击"Finish"按钮.进入如图 2-1-22 所示的测试波形文件编辑器界面.

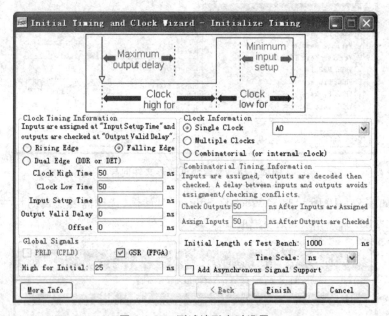

图 2-1-21 测试波形定时设置

2. 测试波形文件编辑

可以通过新建测试波形文件或者在项目管理器界面打开原有测试波形文件,以进入如图 2-1-22 所示的测试波形文件编辑器界面.

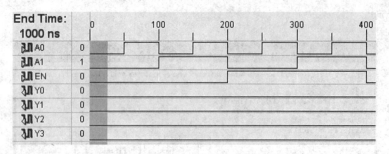

图 2-1-22 测试波形文件编辑

初始化输入激励(灰色的部分不允许用户修改).编辑激励波形的方法如下:选中信号,在其波形上单击,从该点所在周期开始,在往后所有的时间单元内该信号电平反相.例如单击 EN 信号(波形中浅绿色处),其变高;再单击时,变为低.

注意到将所有的输入激励信号定义为时钟信号 A_0 下降沿处才能改变(图 2-1-22),可使输入激励信号组合以二进制递增方式改变,使被测试电路所有可能的输入状态组合全部被经历.为保证数字逻辑电路设计可靠,测试信号的施加一定要注意完备性.

然后执行"File/Save"命令,将测试波形文件文件存盘,ISE 软件会自动将其加入到仿真分层结构中,在项目管理器界面会列出刚生成的测试文件(如"test1.tbw"),如图 2-1-23 所示.

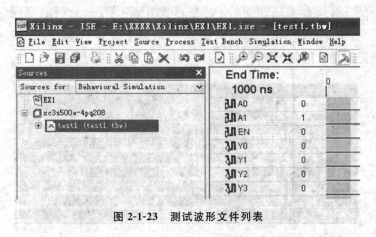

图 2-1-23　测试波形文件列表

三、逻辑功能仿真

在如图 2-1-23 所示的项目管理器界面,从下拉栏选择"Behavioral Simulation",再选择测试波形文件(如"test1.tbw").在如图 2-1-24 所示的项目资源操作栏,点击"Processes"标签,双击"Simulate Behavioral Model",产生如图 2-1-25 所示的逻辑功能仿真窗口.

对本实验所举的 2-4 译码器的例子,可通过逻辑分析得出其真值表,

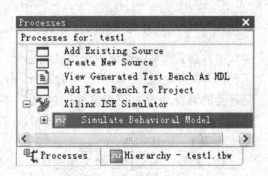

图 2-1-24　项目资源操作栏

如表 2-1-1 所示.

表 2-1-1　2-4 译码器的真值表

输入			输出			
EN	B	A	Y_0	Y_1	Y_2	Y_3
1	X	X	1	1	1	1
0	0	0	0	1	1	1
0	0	1	1	0	1	1
0	1	0	1	1	0	1
0	1	1	1	1	1	0

将如图 2-1-25 所示的功能验证结果与真值表 2-1-1 进行对照,观察输入信号 EN,A_1,A_0 在不同电平时,输出 $Y_0 \sim Y_3$ 的电平变化情况,可以验证所输入的电原理图的逻辑功能与分析结果相符.

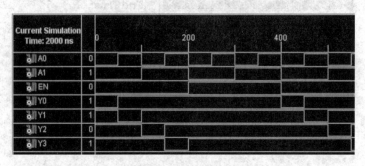

图 2-1-25　逻辑功能仿真结果

2.1.1.5　设计实现和时序仿真

时序仿真和功能验证的操作过程相似,但引入的网表文件不同. 功能验证时引入的网表文件是设计综合后产生的网表,而时序仿真时引入的网表文件是设计实现后产生的网表,此时的网表文件已包含所用器件各个门电路实际产生的时间延迟,因而此时的仿真结果是此电路的实际情况. 具体步骤包括设计实现和时序仿真.

步骤 1　设计实现

(1) 在原理图文件已经保存的情况下,在如图 2-1-10 所示的项目管理器界面,将鼠标对准所选原理图名(如"sch1.sch"),按右键选择"Set as Top Module"下拉菜单命令.

(2) 在"Processes"项目资源操作栏,点击"Processes"标签,双击"Implement Design",开始进行设计实现. 设计实现完成后如图 2-1-26 所示.

在"Implement Design"上会显示一个小图标,"勾号"表示该操作步骤成功完成;"叹号"表示该操作步骤虽完成,但有警告信息,有些警告可以忽略;"叉号"表示该操作步骤因错误而未完成.

如果设计 Implement Design 有错误,点击"Transcript"报告栏中的"Errors"标签,查看"Errors"窗口里的提示信息,并修改相应的原理图(如"sch1.sch"),然后保存再进行设计实现.

图 2-1-26　设计实现

步骤 2　时序仿真

(1) 在如图 2-1-27 所示的项目管理器界面,从下拉栏选择"Post-Fit Simulation",再选择测试波形文件(如"test1.tbw").

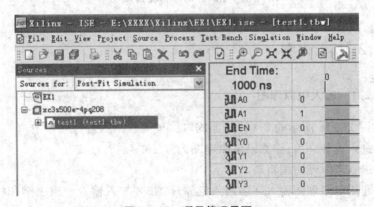

图 2-1-27　项目管理界面

(2) 在如图 2-1-28 所示的项目资源操作栏,点击"Processes"标签,双击"Simulate Post-Fit Model",产生如图 2-1-29 所示的时序仿真窗口.

对本实验所举的 2-4 译码器的例子,电路的延迟时间为

$$415.4 - 400 = 15.4(\text{ns})$$

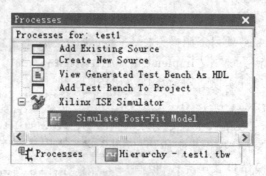

图 2-1-28　项目资源操作栏

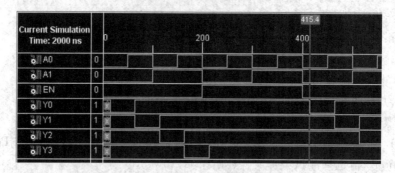

图 2-1-29　时序仿真结果

2.1.2　实验内容

2.1.2.1　输入电原理图

将如图 2-1-15 所示的 2-4 译码器的电原理图输入到设计软件中.
(1) 进入设计环境,建立以电原理图为顶层的项目.
(2) 进入电原理图编辑器.
(3) 利用电原理图输入环境输入电原理图,并加入输入输出引脚和相应的信号名.

2.1.2.2　设计后续处理

(1) 对输入的电原理图进行功能验证,与真值表对应比较.
(2) 在设计流程中选择设计实现,产生与器件对应的网表文件.
(3) 对输入的电原理图进行时序仿真,与真值表对应比较,并分析电路的延迟

2.1.2.3 实验预习

(1) 掌握基于 EDA 工具的逻辑电路设计流程.
(2) 分析如图 2-1-15 所示的 2-4 译码器的电原理图,并与表 2-1-1 所示的真值表和图 2-1-25 所示的功能验证波形图比较.

2.1.2.4 实验报告要求

(1) 记录 2-4 译码器的功能验证波形图,并与真值表比较.
(2) 记录 2-4 译码器的时序仿真波形图,并与真值表比较.
(3) 分析与总结.

§2.2 组合电路的分析和验证

2.2.1 实验原理

常用的组合电路包括译码器、编码器、数据比较器、多路选择器、数据运算电路、算术逻辑单元等电路. 根据所提供的电原理图,对组合电路的分析过程如下:
(1) 将电原理图划分成较小的模块,对每个模块采用逐级分析的方法,从输入到输出,或从输出到输入写出逻辑关系,获得最终的逻辑表达式;
(2) 对逻辑表达式进行分析、化简得到最简逻辑表达式,列出真值表,对电路进行功能描述.

根据真值表可描述电路的逻辑功能,还可推出输入信号在不同电平时的输出信号的波形,通过 Foundtion 软件的功能验证可验证电路功能与真值表的描述是否相符. 为了正确地描述组合电路的功能,应熟练掌握基本组合电路的特性.

2.2.2 实验内容

2.2.2.1 编码器电路分析

如图 2-2-1 所示的 4 输入编码器,其输入是标有 0~3 的 4 个键,对应的信号为

K_0,K_1,K_2,K_3,键按下时输入信号为 0,键放开时输入信号为 1.输出信号为 E,B_1,B_0.当 4 个键都没有按下,或一次按下一个以上的键时,输出信号 B_1,B_0 没意义,此时输出信号 E 为 1.当按下 4 个键中的任一个键时,输出信号 E 为 0,B_1、B_0 构成对应的二进制数,B_1 为高位,B_0 为低位.对应的编码器电路如图 2-2-2 所示.

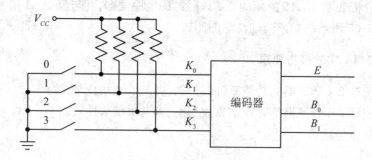

图 2-2-1　4 输入编码器

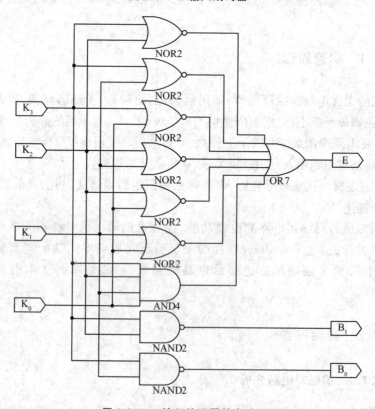

图 2-2-2　4 输入编码器的电路图

(1) 分析如图 2-2-2 所示的电路,写出真值表,分析其逻辑功能是否符合编码器的功能.

(2) 将此电原理图输入到计算机,进行逻辑功能验证.

(3) 比较计算机产生的验证结果和根据真值表描述的逻辑功能,并进行分析.

(4) 将此编码器与实验 2.1 中图 2-1-10 所示的译码器按图 2-2-3 相连接,利用仿真软件分析电路的输入信号 K_0,K_1,K_2,K_3 与输出信号 Y_0,Y_1,Y_2,Y_3 之间的逻辑关系.

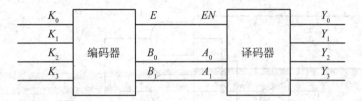

图 2-2-3　编码器与译码器

2.2.2.2　组合电路分析 1*

(1) 分析如图 2-2-4 所示的电路,写出真值表,并描述逻辑功能.

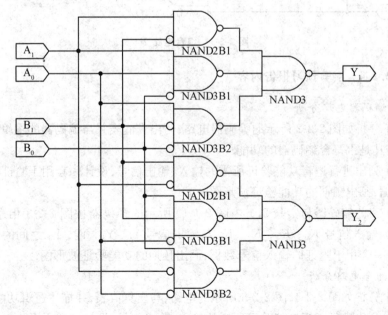

图 2-2-4　组合电路 1

(2) 将此电原理图输入到计算机,进行逻辑功能验证.
(3) 比较计算机产生的验证结果和根据真值表描述的逻辑功能,并进行分析.

2.2.2.3 组合电路分析 2*

(1) 分析如图 2-2-5 所示的电路,写出真值表,并描述逻辑功能.
(2) 将此电原理图输入到计算机,进行逻辑功能验证.
(3) 比较计算机产生的验证结果和根据真值表描述的逻辑功能,并进行分析.

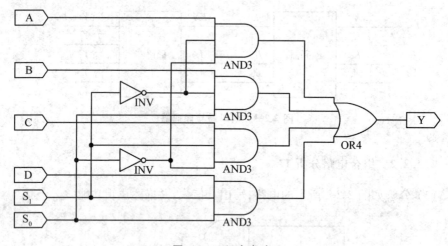

图 2-2-5　组合电路 2

2.2.2.4　实验预习报告内容

1. 编码器电路分析

(1) 分析如图 2-2-2 所示的编码器电路,写出真值表并与编码器的逻辑功能比较,分析其是否符合编码器的功能.
(2) 列出进行逻辑功能验证所需的输入、输出信号,设计一套用于验证的输入信号数据,画出预期的功能验证波形图.
(3) 将此编码器与实验 2.1 中图 2-1-10 所示的译码器按图 2-2-3 相连接,列出电路的输入信号 K_0、K_1、K_2、K_3 与输出信号 Y_0、Y_1、Y_2、Y_3 之间的逻辑关系.设计一套用于验证的输入信号数据,画出预期的功能验证波形图.

2. 组合电路分析

(1) 分析如图 2-2-4、图 2-2-5 所示的电路,写出真值表,并描述逻辑功能.
(2) 列出进行逻辑功能验证所需的输入、输出信号,设计一套用于验证的输入信号数据,画出预期的功能验证波形图.

2.2.2.5 实验报告要求

1. 编码器电路分析
(1) 列出预习报告中需修改的内容.
(2) 记录编码器电路的功能验证波形图.
(3) 记录图 2-2-3 电路的功能验证波形图.
(4) 分析与总结.

2. 组合电路分析
(1) 列出预习报告中需修改的内容.
(2) 记录图 2-2-4、图 2-2-5 所示的电路的功能验证波形图.
(3) 分析与总结.

§2.3 组合电路(7 段译码器与编码器)的设计

2.3.1 实验原理

基于电原理图的组合电路设计流程如下：
(1) 对设计目标进行分析,得到输入和输出的逻辑关系并定义输入输出变量.
(2) 根据输入变量的个数确定输入信号的组合,并根据输入变量的每个组合推出输出变量的状态,由此推出真值表.
(3) 根据真值表推出逻辑表达式,并通过不同的化简方法和所采用的器件获得相应的最简逻辑表达式.
(4) 得出电原理图.

在化简过程中,根据所用器件的不同,会有不同的结果,因而设计时必须注意设计条件所允许采用的器件.在采用计算机软件设计时允许用各种不同的门电路实现,但在需用标准集成电路实现时,并非器件库提供的所有器件都有相应的集成电路.因而在设计的电路需用标准集成电路实现时,必须先找到合适的电路,然后再化简,以免化简的结果无法找到合适的电路实现.如在实验 2.1 中提到的三输入与非门在器件库中有不同的形式,但实际上器件 NAND3B1, NAND3B2, NAND3B3 都无法找到具体的标准集成电路与其对应.

以三输入、八输出的译码器设计为例,设输入信号为 A_2, A_1, A_0,输出信号为

$Y_0, Y_1, Y_2, Y_3, Y_4, Y_5, Y_6, Y_7$，则描述译码器逻辑关系的真值表如表 2-3-1 所示.

表 2-3-1 3-8 译码器的真值表

输		入	输			出				
A_2	A_1	A_0	Y_0	Y_1	Y_2	Y_3	Y_4	Y_5	Y_6	Y_7
0	0	0	0	1	1	1	1	1	1	1
0	0	1	1	0	1	1	1	1	1	1
0	1	0	1	1	0	1	1	1	1	1
0	1	1	1	1	1	0	1	1	1	1
1	0	0	1	1	1	1	0	1	1	1
1	0	1	1	1	1	1	1	0	1	1
1	1	0	1	1	1	1	1	1	0	1
1	1	1	1	1	1	1	1	1	1	0

如采用反相器和与非门实现上述逻辑，则可根据上述真值表得到布尔方程式如下：

$$Y_0 = \overline{\overline{A_2} \cdot \overline{A_1} \cdot \overline{A_0}}$$

$$Y_1 = \overline{\overline{A_2} \cdot \overline{A_1} \cdot A_0}$$

$$Y_2 = \overline{\overline{A_2} \cdot A_1 \cdot \overline{A_0}}$$

$$Y_3 = \overline{\overline{A_2} \cdot A_1 \cdot A_0}$$

$$Y_4 = \overline{A_2 \cdot \overline{A_1} \cdot \overline{A_0}}$$

$$Y_5 = \overline{A_2 \cdot \overline{A_1} \cdot A_0}$$

$$Y_6 = \overline{A_2 \cdot A_1 \cdot \overline{A_0}}$$

$$Y_7 = \overline{A_2 \cdot A_1 \cdot A_0}$$

其电原理图如图 2-3-1 所示.

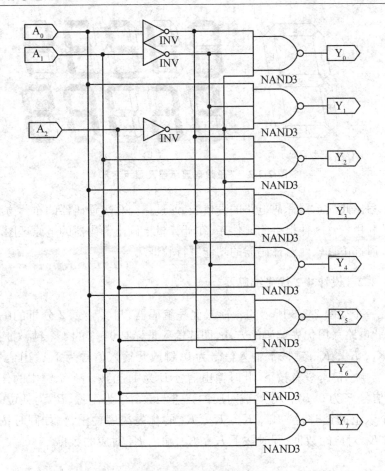

图 2-3-1 译码器的电原理图

2.3.2 实验内容

2.3.2.1 设计 7 段数码显示器译码电路

设计一个 7 段数码显示器译码电路,被控制的 7 段数码显示器实际上是对应于不同笔画的 7 个发光二极管,其外形和其显示的数码如图 2-3-2 所示。设译码器的输入信号为显示允许信号 EN 和数据信号 A_1, A_0,当 EN 信号为 1 时,显示器不亮,EN 信号为 0 时按输入的数据分别显示 0~3。点亮发光二极管的电平为"1",不点亮的电平为"0"。

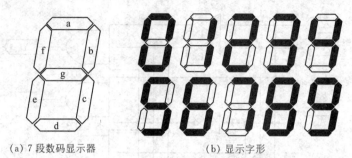

(a) 7段数码显示器　　　　　　(b) 显示字形

图 2-3-2　7段数码显示器及显示字形

(1) 写出此显示器译码电路的真值表,通过化简写出译码器的布尔方程式.
(2) 利用设计软件提供的元件库,在计算机上画出译码器的电原理图.
(3) 通过仿真软件对译码器的功能进行验证.

2.3.2.2　设计 4-2 优先编码器*

设计一个如图 2-3-3 所示的 4 输入优先编码器,与实验 2.2 分析的编码器不同的是,此电路采用优先编码的方法,即其输入是标有 0～3 的 4 个键,对应的信号为 K_0,K_1,K_2,K_3,键按下输入信号为 0,键放开输入信号为 1. 输出信号为 E,B_1,B_0. 当 4 个键都没有按下,此时输出信号 E 为 1. 当按下 4 个键中的任一个键时,输出信号 E 为 0,B_1,B_0 构成对应的二进制数. B_1 为高位,B_0 为低位. 如同时按下一个以上的键时,按 K_0,K_1,K_2,K_3 的优先次序输出,例如同时按下 K_0,K_1,输出 K_0 对应的数据;同时按下 K_1,K_3,输出 K_1 对应的数据.

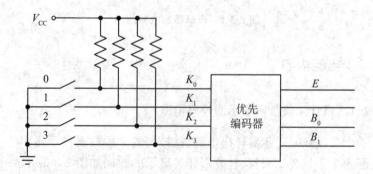

图 2-3-3　4 输入编码器

(1) 写出此编码器的真值表或逻辑功能表,通过化简写出其布尔方程式.
(2) 利用设计软件提供的元件库,在计算机上画出电原理图.

(3) 通过仿真软件对编码器的功能进行验证.

(4) 将此编码器与上述设计的 7 段数码显示器译码电路按图 2-3-4 相连接,利用仿真软件分析电路的输入信号 K_0,K_1,K_2,K_3 与输出信号 $a\sim g$ 之间的逻辑关系.

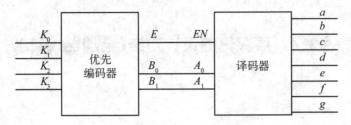

图 2-3-4　编码器与译码器

2.3.2.3　实验预习报告内容

1. 设计 7 段数码显示器译码电路

(1) 写出此显示器译码电路的真值表,通过化简写出译码器的布尔方程式,并画出译码器的电原理图.

(2) 列出对译码器进行功能验证所需的输入、输出信号,设计一套用于验证的输入信号数据,画出预期的功能验证波形图.

2. 设计 4-2 优先编码器

(1) 写出此编码器的真值表或逻辑功能表,通过化简写出其布尔方程式.画出电原理图.

(2) 列出对编码器进行功能验证所需的输入、输出信号,设计一套用于验证的输入信号数据,画出预期的功能验证波形图.

(3) 分析图 2-3-4 所示电路的输入信号 K_0,K_1,K_2,K_3 与输出信号 $a\sim g$ 之间的逻辑关系.列出对此电路进行功能验证所需的输入、输出信号,设计一套用于验证的输入信号数据,画出预期的功能验证波形图.

2.3.2.4　实验报告要求

1. 设计 7 段数码显示器译码电路

(1) 列出预习报告中需修改的内容.

(2) 记录译码器电路的功能验证波形图.

(3) 分析与总结.

2. 设计 4-2 优先编码器
(1) 列出预习报告中需修改的内容.
(2) 记录优先编码器电路的功能验证波形图.
(3) 记录图 2-3-4 电路的功能验证波形图.
(4) 分析与总结.

§2.4 层次化的设计方法(全加器设计)

2.4.1 实验原理

对于复杂的电路,有必要采用模块的形式进行设计. 将不同的逻辑功能用相应的模块实现. 当设计出现问题时,可有针对性地对这些模块进行分析. 而对那些在设计中重复出现的功能块采用模块的设计方法则可提高效率.

以全加器的设计为例,一位全加器电路的输入信号为:本位输入 A,B,低位进位信号 C_{in},输出为本位输出 S_O、进位输出 C_O.

一位全加器电路的真值表如表 2-4-1 所示.

表 2-4-1 一位全加器电路的真值表

A	B	C_{in}	S_O	C_O
0	0	0	0	0
0	0	1	1	0
0	1	0	1	0
0	1	1	0	1
1	0	0	1	0
1	0	1	0	1
1	1	0	0	1
1	1	1	1	1

根据真值表可得到表示 S_O 和 C_O 的卡诺图,分别如图 2-4-1(a)和(b)所示. 根据下述卡诺图,分别得到下列逻辑式:

$$S_O = \overline{A} \cdot \overline{B} \cdot C_{in} + A \cdot \overline{B} \cdot \overline{C_{in}} + A \cdot B \cdot C_{in} + \overline{A} \cdot B \cdot \overline{C_{in}} = A \oplus B \oplus C_{in}$$

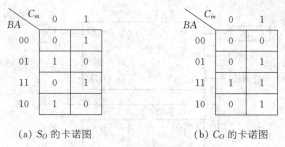

(a) S_O 的卡诺图　　　　(b) C_O 的卡诺图

图 2-4-1　全加器电路的卡诺图

$$C_O = A \cdot B + A \cdot C_{in} + B \cdot C_{in} = (A+B) \cdot C_{in} + A \cdot B$$

根据选用的器件，可用与非门或者异或门构成上述电路。如图 2-4-2 所示的是用与非门构成的一位全加器电路，逻辑式表达式如下：

$$S_O = \overline{\overline{\overline{A} \cdot \overline{B} \cdot C_{in}} + \overline{\overline{A} \cdot B \cdot \overline{C_{in}}} + \overline{A \cdot B \cdot C_{in}} + \overline{A \cdot \overline{B} \cdot \overline{C_{in}}}}$$

$$C_O = \overline{\overline{A \cdot B} + \overline{A \cdot C_{in}} + \overline{B \cdot C_{in}}}$$

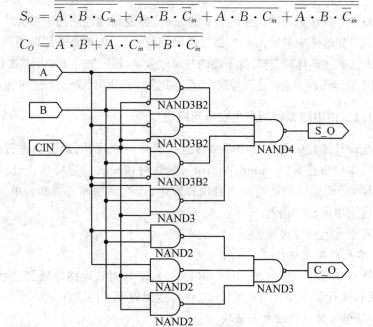

图 2-4-2　一位全加器电路的电原理图

二位全加器电路可由两个一位全加器电路级联而成，如图 2-4-3 所示：

在 ISE 软件中，顶层采用电原理图的方式时允许建立模块，在模块中定义逻辑功能或下一层的模块，这种方法称为层次化的设计。

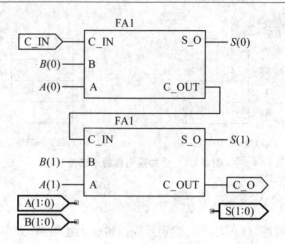

图 2-4-3 二位全加器电路

对于复杂系统在采用层次化的设计方法时,各逻辑功能块用宏单元实现.在顶层的逻辑图中将这些宏单元用网线相互连接,而在下层宏单元采用电原理图、硬件描述语言方法描述具体的逻辑.如下层的逻辑较复杂,则可进一步采用层次化的设计方法,即用电原理图的方法描述该层逻辑,而在此层中再用更低层次的宏单元来实现.

2.4.1.1　由电路原理图产生宏单元模块

可以在设计流程中的设计编辑部分直接选择电原理图,对逻辑进行描述,然后在工具子菜单中选择"Symbol Wizard",此时可按设计向导将该设计文件转换为宏单元模块,此模块自动将加入到项目库中,通过调用库可将此宏单元调出并安放在原理图中恰当的位置.

产生宏单元的具体过程如下:

1. 宏单元原理图编辑

通过新建或者打开原理图文件(如"FA1.sch"),对该电路原理图进行逻辑设计编辑,然后执行菜单命令"File/Save",保存逻辑设原理图文件.

2. 由原理图转换为宏单元模块

(1) 执行菜单命令"Tools/Symbol Wizard",在如图 2-4-4 所示的"Source Page"对话框中选择"Using Schematic",填写待转换原理图文件名(如"FA1"),单击"Next"按钮.

(2) 在如图 2-4-5 所示的"Pin Page"对话框中,可以对宏单元模块的引脚属性进行修改,然后单击"Next"按钮.

图 2-4-4　设计向导

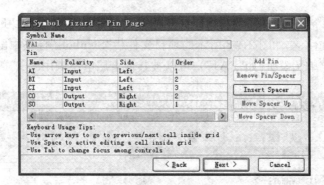

图 2-4-5　宏单元引脚定义

（3）在如图 2-4-6 所示的"Option Page"对话框中，可以对宏单元模块的形状属性进行修改，然后单击"Next"按钮。

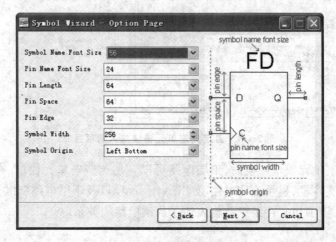

图 2-4-6　宏单元形状定义

(4) 在如图 2-4-7 所示的"Preview Page"对话框中,单击"Finish"按钮.

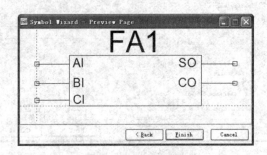

图 2-4-7　宏单元定义完成

(5) 宏单元模块定义完成,ISE 打开宏单元模块符号文件(如"FA1. sym"). 关闭该符号文件,在如图 2-4-8 所示的项目文件栏"Symbols"标签中出现自动加入到项目库的宏单元模块(如"FA1"),可以被其他上层电路调用.

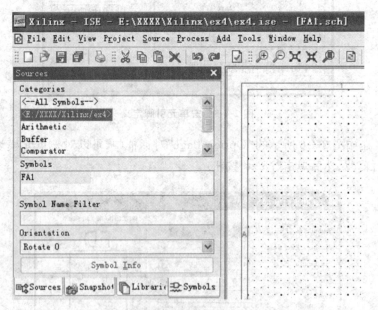

图 2-4-8　自定义宏单元模块加入到项目库

当底层宏单元模块产生后,顶层电路可以调用这些宏单元模块. 在如图 2-4-9 所示的项目文件栏,显示顶层电路(如"FA4. sch")以及下层电路(如"FA1. sch")的树形结构. 该项目文件组织结构表达了层次电路的关系.

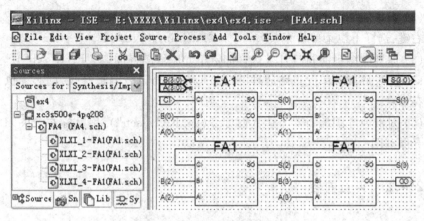

图 2-4-9 项目文件组织结构

2.4.1.2 宏单元的打开与修改

在电路设计过程中,需要对电路进行编辑与修改.在顶层电路中可以打开下层宏单元,并进行编辑.设计项目中如有宏单元模块被修改,ISE 则会对整个设计项目进行宏单元自动更新.可以采取从项目文件组织结构、从顶层电路原理图等两种方法中的一种打开下层宏单元.

1. 从项目文件组织结构打开底层宏单元

(1) 打开顶层原理图文件(如"FA4.sch"),进入原理图编辑器界面,如图 2-4-9所示.

(2) 点击文件管理"Sources"栏中的"Sources"标签,从下拉栏选择"Synthesis/Implementation".

(3) 在显示的项目文件组织结构中,对准欲打开的底层宏单元原理图文件(如"FA1.sch"),按鼠标右键,选择下拉菜单命令"Open".

(4) 原理图编辑器将打开被选择的宏单元原理图界面(如"FA1.sch").

(5) 如果底层宏单元电路原理图(如"FA1.sch")被编辑修改,则必须执行文件保存命令.

(6) 对准原理图编辑器下边界面标签(如"FA1.sch"),用鼠标右键关闭底层宏单元原理图.

2. 从顶层电路原理图打开底层宏单元

(1) 打开顶层原理图文件(如"FA4.sch"),进入原理图编辑器界面,如图 2-4-9所示.

(2) 在顶层原理图界面,以鼠标对准欲打开的底层宏单元符号(如"FA1"),按鼠标右键,选择下拉菜单命令"Symbo"→"Push into Symbol".

(3) 原理图编辑器将打开被选择的宏单元原理图界面(如"FA1.sch").

(4) 如果底层宏单元电路原理图(如"FA1.sch")被编辑修改,则必须执行文件保存命令.

(5) 对准原理图编辑器下边界面标签(如"FA1.sch"),用鼠标右键关闭底层宏单元原理图.

2.4.2 实验内容

2.4.2.1 用层次化的方法设计 4 位加法器电路

输入数据信号为 $A_3 \sim A_0$,$B_3 \sim B_0$,(A_3,B_3 为最高位),输入的进位信号为 C_{IN},输出数据信号为 $S_3 \sim S_0$,输出的进位信号为 C_O.

(1) 在顶层定义一个 4 位加法器的宏单元,此加法器在下一层用 4 个 1 位的全加器宏单元电路串联实现.

(2) 设计一套数据对上述电路进行功能验证.

2.4.2.2 用已验证的 4 位加法器宏单元组成一个 8 位的加减器[*]

输入数据信号 $A_7 \sim A_0$ 为一个加数或被减数,$B_7 \sim B_0$ 为另一个加数或减数,输入控制信号 $A_S = 0$ 时执行加法运算,$A_S = 1$ 时执行减法运算,输出数据信号为 $D_7 \sim D_0$,输出的进位/借位信号为 C_O.

(1) 在顶层用 4 位加法器宏单元构成 8 位的加减器.

(2) 设计一套数据对上述电路进行功能验证.

2.4.2.3 实验预习报告内容

1. 用层次化的方法设计 4 位加法器电路

(1) 画出具有进位输入和进位输出的 1 位加法器的框图,并画出用此 1 位加法器构成的 4 位加法器的框图.

(2) 画出 1 位加法器单元的电原理图,设计一套用于功能验证的数据.画出预期的功能验证波形图.

(3) 设计一套用于验证 4 位加法器功能的数据.画出预期的功能验证波形图.

2. 用已验证的 4 位加法器宏单元组成一个 8 位的加减器

(1) 根据 8 位加减器的逻辑功能画出 8 位加减器的电路图.

(2) 设计一套用于功能验证的数据,画出预期的功能验证波形图.

2.4.2.4　实验报告要求

1. 用层次化的方法设计 4 位加法器电路

(1) 列出预习报告中需修改的内容.

(2) 记录一位全加器单元和 4 位加法器的功能验证波形图.

(3) 分析与总结.

2. 用已验证的 4 位加法器宏单元组成一个 8 位的加减器

(1) 列出预习报告中需修改的内容.

(2) 记录 8 位加减器的功能验证波形图.

(3) 分析与总结.

§2.5　迭代设计法(4 位全加器与数据比较器的设计)

2.5.1　实验原理

实验 2.4 设计的 4 位加法器采用 4 个 1 位的全加器串接而成,采用了迭代设计法,迭代设计法的主要思路是:在一个设计中,如存在多个重复的单元,则找出这些单元串联的规律,然后设计其中的一个单元,将这些单元按要求串接成所需的电路.

因此在设计可迭代的单元时,必然包含负责实现本单元主要功能的主输入和主输出,还包含负责单元之间信息传递的辅助输入和辅助输出. 如一位的全加器单元中主输入信号为加数 A_i、B_i,主输出为 S_i,辅助输入信号为进位输入 C_{i-1},辅助输出为进位输出 C_i.

在将多个一位的全加器串接成多位加法器时形成了进位信号的串接,因此后级的运算必须在前级的进位输出形成后才能进行,使系统的运算速度变慢,为改善加法器的运算速度,可将串行的进位运算改为并行运算,即采用超前进位技术.

设一位全加器单元的进位产生信号 G_i、进位传播信号 P_i 为:

$$G_i = A_i \cdot B_i$$
$$P_i = A_i + B_i$$

则全加器的进位输出 C_i 为

$$C_i = A_i \cdot B_i + (A_i + B_i) \cdot C_{i-1} = G_i + P_i \cdot C_{i-1}$$

因此,4 位加法器每一位的进位输出为

$$C_0 = G_0 + P_0 \cdot C_{-1}$$

$$C_1 = G_1 + P_1 \cdot C_0 = G_1 + P_1 \cdot G_0 + P_1 \cdot P_0 \cdot C_{-1}$$

$$C_2 = G_2 + P_2 \cdot C_1 = G_2 + P_2 \cdot G_1 + P_2 \cdot P_1 \cdot G_0 + P_2 \cdot P_1 \cdot P_0 \cdot C_{-1}$$

$$C_3 = G_3 + P_3 \cdot C_2 = G_3 + P_3 \cdot G_2 + P_3 \cdot P_2 \cdot G_1 + P_3 \cdot P_2 \cdot P_1 \cdot G_0$$
$$+ P_3 \cdot P_2 \cdot P_1 \cdot P_0 \cdot C_{-1}$$

上述电路得到的进位输出的延迟时间与每一级产生 $G_i \cdot P_i$ 的延迟时间有关,而与位数无关,故称为超前进位电路。如图 2-5-1 所示,采用超前进位技术的 4 位加法器采用一位全加器迭代单元和 4 位超前进位电路构成.一位全加器迭代单元的辅助输入信号为 C_i,辅助输出信号为进位产生信号 G_i 和进位传播信号 P_i。

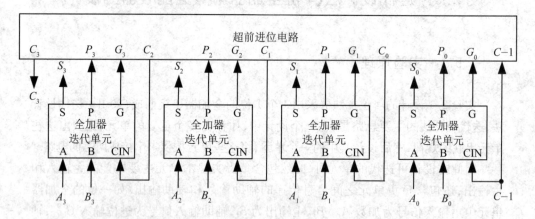

图 2-5-1 采用超前进位技术的 4 位加法器

2.5.2 实验内容

2.5.2.1 设计采用超前进位技术的 4 位加法器

(1) 在顶层建立一位具有进位产生和传播信号的全加器迭代单元和 4 位超前进位电路的宏单元,一位全加器迭代单元的输入信号为 A, B, C_{in},输出信号为 S,

P, G, 4 位超前进位电路的输入信号为进位输入 C_{-1}, 进位产生和传播信号 $P_0 \sim P_3$, $G_0 \sim G_3$, 输出信号为 $C_0 \sim C_3$. 验证建立的宏单元的功能.

(2) 采用上述宏单元构成 4 位加法器.

(3) 设计一套数据对上述电路进行功能验证.

2.5.2.2 采用迭代的方法设计一个 4 位的数据比较器

输入信号为 $A_3 \sim A_0$, $B_3 \sim B_0$, 输出信号为 $A > B$, $A = B$, $A < B$. 先设计一个 2 位数据比较器的迭代单元, 再利用此单元构成 4 位数据比较器单元.

(1) 列出 2 位数据比较器迭代单元的主输入和主输出信号以及辅助输入和辅助输出信号, 在顶层建立 2 位数据比较器迭代单元的宏单元并验证设计的正确性.

(2) 利用上述设计的 2 位数据比较器的迭代单元构成 4 位数据比较器, 并验证设计的正确性.

2.5.2.3 实验预习报告内容

1. 设计采用超前进位技术的 4 位加法器

(1) 根据 4 位加法器的逻辑功能, 推导出一位全加器迭代单元和 4 位超前进位电路的逻辑表达式, 画出上述单元的电原理图. 设计一套用于功能验证的数据. 画出预期的功能验证波形图.

(2) 画出 4 位加法器的电原理图.

(3) 设计一套用于功能验证的数据. 画出预期的功能验证波形图.

2. 采用迭代的方法设计一个 4 位的数据比较器

(1) 根据 4 位的数据比较器的逻辑功能列出 2 位数据比较器迭代单元的主输入和主输出信号以及辅助输入和辅助输出信号, 推导出 2 位数据比较器迭代单元的逻辑表达式, 画出上述单元的电原理图. 设计一套用于功能验证的数据. 画出预期的功能验证波形图.

(2) 画出 4 位数据比较器的电原理图. 设计一套用于功能验证的数据. 画出预期的功能验证波形图.

2.5.2.4 实验报告要求

1. 设计采用超前进位技术的 4 位加法器

(1) 列出预习报告中需修改的内容.

(2) 记录一位全加器迭代单元和 4 位超前进位电路的功能验证波形图.

(3) 记录 4 位加法器的功能验证波形图.

(4) 分析与总结.

2. 采用迭代的方法设计一个 4 位的数据比较器.
(1) 列出预习报告中需修改的内容.
(2) 记录 2 位数据比较器迭代单元的功能验证波形图.
(3) 记录 4 位数据比较器的功能验证波形图.
(4) 分析与总结.

§2.6 算术逻辑单元的设计*

2.6.1 实验原理

算术逻辑单元是数字计算机的核心部件,算术逻辑单元的输入信号为操作数,根据控制信号进行不同的运算,控制信号由计算机的指令系统决定. 当计算机执行不同的指令时,产生不同的控制信号电平,算术逻辑单元进行不同的运算.

以一个 4 位的算术逻辑单元为例,设输入数据信号为 $A(A_3 \sim A_0)$、$B(B_3 \sim B_0)$,A_3,B_3 为高位,输入的进(借)位信号为 C_{IN},输入控制信号为 M,K_1,K_0. 输出信号为 $Y_3 \sim Y_0$,C_{OUT}. 其逻辑功能如表 2-6-1 所示,当 $M=0$ 时进行算术运算,K_1,K_0 为 00 时,此单元实现 $A+B$ 的功能,即 A,B 表示数据信号,C_{IN} 为进位输入,输出信号 $Y_3 \sim Y_0$ 为 A;B 之和,进位输出为 C_{OUT}. 当 K_1,K_0 为 01 时,此单元实现 $A-B$ 的功能,即 A,B 表示数据信号,C_{IN} 为借位输入,输出信号 $Y_3 \sim Y_0$ 为 A,B 之差,借位输出为 C_{OUT}. 当 K_1,K_0 为 10 时,此单元实现 $A+1$ 功能,当 K_1,K_0 为 11 时,此单元实现 $A-1$ 功能. 当 $M=1$ 时进行按位的逻辑运算,即 A,B 表示输入的逻辑信号,C_{IN} 无意义,输出信号 $Y_3 \sim Y_0$ 为 A,B 按位的逻辑运算的结果,借位输出 C_{OUT} 强制为 0.

表 2-6-1 4 位的算术逻辑单元的逻辑功能表

M	K_1	K_0	逻辑功能
0	0	0	$A+B$
	0	1	$A-B$
	1	0	$A+1$
	1	1	$A-1$

(续表)

M	K_1	K_0	逻辑功能
1	0	0	A AND B
	0	1	A OR B
	1	0	A XOR B
	1	1	A 取反

2.6.2 实验内容

设计实现上述功能的 4 位算术逻辑单元,写出设计的详细步骤,列出推导的过程,画出电原理图并验证逻辑功能.

自行设计实验预习报告以及实验报告的内容.

§2.7 触发器及基本应用电路

2.7.1 实验原理

2.7.1.1 触发器的转换

D 型触发器是最常用的触发器. 设触发器的输入信号为 D,时钟信号为 CLK,输出信号为 Q. 根据输出信号和时钟信号的关系,可分为上升沿触发的 D 触发器和下降沿触发的 D 触发器. 上升沿触发的 D 触发器的输出信号在 CLK 信号的上升沿发生变化,下降沿触发的 D 触发器的输出信号在 CLK 信号的下降沿发生变化. 锁存器又称电平控制的 D 触发器,其输出信号在 CLK 信号为高电平时,等于输入信号,当 CLK 信号为低电平时,输出信号维持不变. 在应用时,应区分触发器和锁存器的差别. 在用作计数器、移位寄存器、状态机控制等时序电路时,必须采用触发器.

触发器可分为 RS 触发器、D 触发器、T 触发器、JK 触发器等类型. 通过电路变换,各类触发器可相互转换. 如 D 型触发器可转换为 T 触发器、JK 触发器等其他形式的触发器.

如需以 D 型触发器构成 JK 触发器,应先列出 D 型触发器和 JK 触发器的方程:

$$\begin{cases} Q^{n+1} = D \\ Q^{n+1} = J \cdot \overline{Q^n} + \overline{K} \cdot Q^n \end{cases}$$

则
$$D = Q^{n+1} = J \cdot \overline{Q^n} + \overline{K} \cdot Q^n$$

相应的电原理图如图 2-7-1 所示.

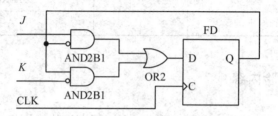

图 2-7-1 以 D 型触发器构成 JK 触发器

2.7.1.2 二进制异步计数器

二进制异步加法计数器如图 2-7-2 所示. 此电路采用了 3 个 D 触发器,第一个 D 触发器的时钟为输入信号 CLK,第二个 D 触发器的时钟为第一个 D 触发器的 Q 端的反相信号,第三个 D 触发器的时钟为第二个 D 触发器的 Q 端的反相信号,电路的输出信号为 Q_2,Q_1,Q_0. 设电路的初始状态为 000. 在第 1 个时钟信号 CLK 的作用下,第一个 D 触发器翻转,此时第二个 D 触发器的时钟为 1 到 0 的变化,因此第二个 D 触发器的状态维持不变,第三个 D 触发器的时钟为高电平,其状态也不变出,电路的输出状态为 001. 在第二个时钟信号 CLK 的作用下,第一个 D 触发器翻转,此时第二个 D 触发器的时钟为 0 到 1 的变化,因此第二个 D 触发器也翻转,第三个 D 触发器的时钟为 1 到 0 的变化,第三个 D 触发器的状态维持不变,电路的输出状态为 010. 依此类推,此电路在每个时钟信号的作用下,将电路的输出值加 1,实现了加法计数.

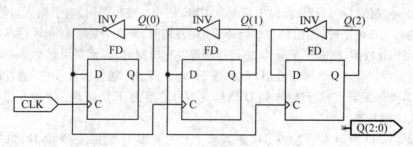

图 2-7-2 二进制异步加法计数器

当电路的状态由 001 变为 010 时,时钟信号先改变第一个 D 触发器的状态,然后由第一个 D 触发器的输出改变第二个 D 触发器的状态,因此第一个 D 触发器与第二个 D 触发器的时钟信号不是同时发生变化的. 同样的,当电路的状态由 011 变为 100, 101 变为 110, 111 变为 000 时,触发器的时钟信号也不是同时发生变化的. 因此,此电路称为异步计数电路.

如将图 2-7-2 中第二、第三个 D 触发器的时钟信号改为前级触发器的 Q 端,则电路为减法计数器.

2.7.1.3 移位寄存器

利用 D 型触发器可方便地构成移位寄存器. 图 2-7-3 为利用 D 型触发器构成的左右移位的移位寄存器.

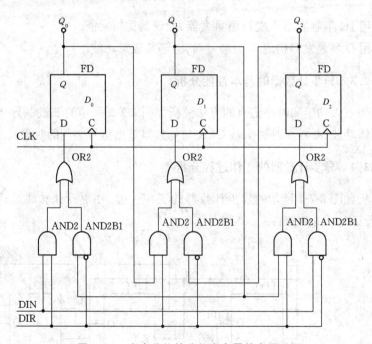

图 2-7-3 左右移位的移位寄存器的电原理图

当控制信号 DIR=1 时为右移移位寄存器. 此时输入信号加到触发器 D_0 的 D 端,而触发器 D_0 的输出加到触发器 D_1 的 D 端,触发器 D_1 的输出加到触发器 D_2 的 D 端. 在时钟信号的控制下,DIN 信号向右移位. 当 DIR=0 时为左移移位寄存器,此时输入信号加到触发器 D_2 的 D 端,而触发器 D_2 的输出加到触发器 D_1 的 D 端,触

发器 D_1 的输出加到触发器 D_0 的 D 端.在时钟信号的控制下,DIN 信号向左移位.

2.7.2 实验内容

2.7.2.1 触发器与锁存器的性能比较

在器件库中分别取出 D 型触发器(FD)和锁存器(LD),验证其逻辑功能(在 D 端加输入信号,在 CLK 端加时钟信号),并分析 D 端的输入信号和 CLK 端的时钟信号的时序关系.注意,为了正确地进行时序分析,D 端的输入信号应选择在 CLK 的何种状态发生变化,才能比较触发器与锁存器的性能.

2.7.2.2 触发器形式的变化

(1)用 JK 型触发器构成 D 型触发器,验证其逻辑功能.
(2)用 D 型触发器构成 T 型触发器,验证其逻辑功能.

2.7.2.3 异步计数器的基本性能分析

分别用逻辑功能和时序仿真的方法分析如图 2-7-2 所示的二进制异步加法计数器的逻辑功能,并观测时钟信号 CLK 与计数器输出信号之间的时序关系.

2.7.2.4 异步计数器的工作过程分析

试分析如图 2-7-4 所示的异步计数器的工作过程,并用设计软件进行逻辑功能分析,验证分析的正确性.

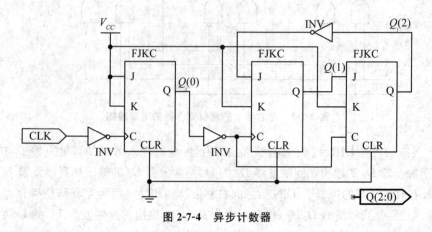

图 2-7-4 异步计数器

2.7.2.5 移位寄存器分析*

(1) 利用带清零的 D 型触发器(FDC)构成 4 位的左移移位寄存器,并验证其逻辑功能.在验证前,先利用清零信号将移位寄存器所有的 D 型触发器清零,然后在输入端加入信号 1 或 0,进行移位操作.

*(2) 将上述左移移位寄存器最后 1 个触发器的输出反相后加到移位寄存器第一个触发器的输入端,先做清零操作,然后移位.分析其逻辑功能.

2.7.2.6 实验预习报告内容

1. 触发器与锁存器的性能比较

分析触发器与锁存器的 D 端的输入信号和 CLK 端的时钟信号的时序关系,为了正确地进行时序分析,D 端的输入信号应选择在 CLK 的何种状态发生变化,才能对两种电路的性能进行比较.

2. 触发器形式的变化

(1) 写出用 JK 型触发器构成 D 型触发器的逻辑表达式,画出对应的电原理图,并画出 D 型触发器预期的功能验证波形图.

(2) 写出用 D 型触发器构成 T 型触发器的逻辑表达式,画出对应的电原理图,并画出 T 型触发器预期的功能验证波形图.

3. 异步计数器的基本性能分析

画出预期的功能验证波形图.

4. 分析图 2-7-4 所示的异步计数器

画出预期的功能验证波形图.

5. 移位寄存器*

(1) 画出利用带清零的 D 型触发器(FDC)构成 4 位的左移移位寄存器的电原理图,在输入端加入信号 1 或 0,进行移位操作.画出预期的功能验证波形图.

*(2) 分析将上述左移移位寄存器最后一个触发器的输出反相后加到移位寄存器第一个触发器的输入端时的逻辑功能,画出预期的功能验证波形图.

2.7.2.7 实验报告要求

1. 触发器与锁存器的性能比较

(1) 列出预习报告中需修改的内容.

(2) 记录触发器与锁存器 D 端的输入信号和 CLK 端的时钟信号的时序关系.

(3) 分析与总结.

2. 触发器形式的变化

(1) 列出预习报告中需修改的内容.
(2) 记录用 JK 型触发器构成 D 型触发器的功能验证波形图.
(3) 记录用 D 型触发器构成 T 型触发器的功能验证波形图.
(4) 分析与总结.

3. 异步计数器的基本性能分析

(1) 列出预习报告中需修改的内容.
(2) 记录功能验证波形图和时序仿真波形图.
(3) 分析与总结.

4. 分析图 2-7-4 所示的异步计数器

(1) 列出预习报告中需修改的内容.
(2) 记录功能验证波形图.
(3) 分析与总结.

5. 移位寄存器*

(1) 列出预习报告中需修改的内容.
(2) 记录左移操作的功能验证波形图.
*(3) 记录将左移移位寄存器最后一个触发器的输出反相后加到移位寄存器第一个触发器的输入端时的功能验证波形图.
(4) 分析与总结.

§2.8 同步计数器与应用

2.8.1 实验原理

计数器电路按时钟信号的作用方式可分为同步计数器和异步计数器. 按计数的方式可分为加法计数器和减法计数器. 根据数制的不同, 又分为 3 进制、6 进制、8 进制、10 进制、12 进制、16 进制等不同的计数器. 计数器还可增加预置数、可逆计数等不同的功能. 所以, 对计数器而言, 可有不同的形式, 而所有形式的计数器的最基本单元是触发器. 为了使计数器具有级联功能, 设计的计数器必须具备计数使能信号和进位输出信号. 当计数使能信号有效时, 计数器正常计数, 无效时保持原状态不变.

对计数器,必须掌握以下几点:异步计数和同步计数的差异,加法计数和减法计数的差异,不同进制计数器的实现方法.

如图 2-8-1 所示的二进制同步加法计数器为 8 进制计数器.

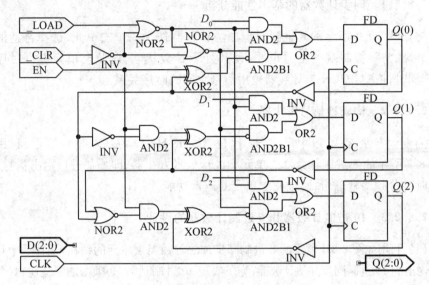

图 2-8-1　8 进制同步加法计数器

与一般的同步加法计数器相比,在上述计数器中,增加了控制信号同步置数端 LOAD,数据输入信号为 D_2,D_1,D_0(D_2 为最高位,D_0 为最低位).输入控制信号 CLR 为同步清除信号,此信号低电平有效.利用此电路的同步置数端可构成 N 进制计数器($N<8$).

电子秒表电路由计数器电路构成,在本实验中所设计的电子表的基本要求如下:最大计数范围 0~59 s,超过 59 s,回复到 0 s,用 BCD 码表示(便于与 BCD-7 段显示译码器相连).提供的晶体的频率为 32 768 Hz.

根据上述设计要求,电路的框图如图 2-8-2 所示.

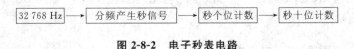

图 2-8-2　电子秒表电路

秒信号分频器用于产生秒信号,秒计数的个位用 10 进制计数器构成,十位用 6 进制计数器构成.

2.8.2 实验内容

2.8.2.1 同步计数器的基本性能分析

将如图 2-8-1 所示的 8 进制同步加法计数器作为一个宏单元,选择合适的置数控制端、清除控制端的信号电平,使其处于计数状态,对此宏单元进行时序分析,观测时钟信号 CLK 与计数器输出信号之间的时序关系。

2.8.2.2 构成秒信号发生器

为设计方便,在本题中以 8 Hz 代替 32 768 Hz 作为基本时钟信号,利用如图 2-8-1 所示的 8 进制计数器宏单元构成秒信号发生器,即增加进位输出信号,将基本时钟分频为秒信号,验证此宏单元的逻辑功能。

2.8.2.3 10 进制计数器和 6 进制计数器的设计

(1) 利用如图 2-8-1 所示的 8 进制同步加法计数器宏单元的结构,设计一个具有进位输出的 10 进制同步加法计数器,为了实现 10 进制计数,必须增加哪些逻辑(包括触发器是否需改变为带清除端或置位端),验证此宏单元的逻辑功能,并进行时序仿真。

(2) 利用实验 2.7 中如图 2-7-4 所示的计数器构成 6 进制加法计数器宏单元,验证此宏单元的逻辑功能,并进行时序仿真。

2.8.2.4 电子秒表电路设计

将秒信号发生器、10 进制同步加法计数器、6 进制加法计数器组合成一个电子秒表,验证其逻辑功能,并进行时序仿真,注意计数到 59 以后的状态。

2.8.2.5 带冗余状态的同步时序电路的设计*

采用带冗余状态的同步时序电路的设计方法,设计一个 6 进制同步加法计数器,构成一个宏单元,进行时序分析。将此电路与实验 2.7 中如图 2-7-4 所示的计数器进行比较。

2.8.2.6 实验预习报告内容

1. 同步计数器的基本性能分析

分析如图 2-8-1 所示的 8 进制同步加法计数器,写出此电路时钟信号 CLK、置数控制端、清除控制端的功能表,画出此电路处于计数状态的预期的功能验证波形图.

2. 构成秒信号发生器

画出秒信号发生器的电原理图,画出此电路处于计数状态的预期的功能验证波形图.

3. 10 进制计数器和 6 进制计数器的设计

(1) 画出 10 进制同步加法计数器的电原理图,画出此电路的预期功能验证波形图.

(2) 画出 6 进制加法计数器的电原理图,画出此电路的预期功能验证波形图.

4. 电子秒表电路设计

画出电子秒表的电原理图,画出此电路的预期功能验证波形图,特别注意计数到 59 以后的状态.

5. 带冗余状态的同步时序电路的设计*

推导采用带冗余状态的 6 进制同步加法计数器的逻辑表达式,画出电原理图,画出此电路的预期功能验证波形图,按照此电路设计一个 6 进制同步加法计数器,构成一个宏单元,进行时序分析.将此电路与实验 2.7 中如图 2-7-4 所示的计数器电路进行比较.

2.8.2.7 实验报告要求

1. 同步计数器的基本性能分析

(1) 列出预习报告中需修改的内容.

(2) 记录此电路处于计数状态的功能验证波形图和时序仿真波形图.

(3) 分析与总结.

2. 构成秒信号发生器

(1) 列出预习报告中需修改的内容.

(2) 记录秒信号发生器的功能验证波形图.

(3) 分析与总结.

3. 10 进制计数器、6 进制计数器的设计

(1) 列出预习报告中需修改的内容.

(2) 记录 10 进制同步加法计数器的功能验证波形图和时序仿真波形图.

(3) 记录 6 进制加法计数器的功能验证波形图和时序仿真波形图.

(4) 分析与总结.

4. 电子秒表电路设计

(1) 列出预习报告中需修改的内容.

(2) 记录电子秒表的功能验证波形图和时序仿真波形图.特别注意计数到 59

以后的状态.

(3) 分析与总结.

5. 带冗余状态的同步时序电路的设计

(1) 列出预习报告中需修改的内容.

(2) 记录 6 进制同步加法计数器的功能验证波形图和时序仿真波形图. 将结果与实验 2.7 中如图 2-7-1 所示的计数器电路进行比较.

(3) 分析与总结.

§2.9　顺序脉冲信号发生器

2.9.1　实验原理

顺序脉冲信号发生器可采用计数器和译码器组合的方法构成,也可采用环型计数器构成.两种方法所需的触发器和组合电路的数量不同,电路的性能也不相同.

图 2-9-1　顺序脉冲信号发生器

移位寄存器还能构成序列信号发生器,如图 2-9-1 所示.组合电路构成了反馈电路,根据反馈电路能构成不同的电路.设 S 为 N 位移位寄存器的串行输入信号,如反馈函数为

$$S = C_0 \oplus C_1 \cdot Q_1 \oplus C_2 \cdot Q_2 \oplus C_3 \cdot Q_3 \oplus C_4 \cdot Q_4$$

则此电路称为线性反馈移位寄存器,$C_0 \sim C_4$ 为逻辑常量.

2.9.2　实验内容

2.9.2.1　计数器与译码器构成的顺序脉冲信号发生器

(1) 将 2BIT 的异步二进制加法计数器与一个 2-4 译码器相组合,构成一个 4 状态的顺序脉冲信号发生器,用时序分析的方法观测产生的顺序信号. 如信号异常,试提出解决方案.

(2) 将 2BIT 的同步二进制加法计数器与一个 2-4 译码器相组合,构成一个 4 状态的顺序脉冲信号发生器,用时序分析的方法观测产生的顺序脉冲信号,并与异步计数器的结果相比较.

(3) 试从计数器实现所需的器件数量、时钟与计数器输出信号之间的关系等方面分析同步与异步计数器的利弊.

2.9.2.2　环型计数器构成的顺序脉冲信号发生器

用环型计数器构成一个 4 状态的顺序脉冲信号发生器,用时序分析的方法观测产生的顺序信号.

2.9.2.3　伪随机序列发生器*

利用线性移位寄存器能产生伪随机序列.

(1) 如图 2-9-2 所示为 4 位伪随机序列发生器. 将此图输入并分析其伪随机数序列.

(2) 试改变反馈函数的形式,观察发生的伪随机序列.

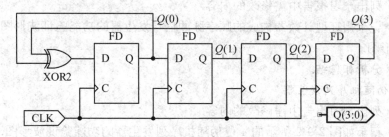

图 2-9-2　伪随机序列发生器

2.9.2.4　实验预习报告内容

1. 计数器与译码器构成的顺序脉冲信号发生器

(1) 画出用异步二进制加法计数器与译码器相组合构成的顺序脉冲信号发生器的电原理图及预期的时序仿真波形图. 写出改进方案及改进后的电原理图.

(2) 画出用同步二进制加法计数器与译码器相组合构成的顺序脉冲信号发生器的电原理图及预期功能验证波形图.

2. 环型计数器构成的顺序脉冲信号发生器

画出用环型计数器构成的顺序脉冲信号发生器的原理图及预期功能验证波形图.

3. 伪随机序列发生器*

(1) 分析如图 2-9-2 所示的 4 位伪随机序列发生器产生的伪随机数序列,写出反馈电路的逻辑表达式,画出预期的功能验证波形图.

(2) 列出改变后的反馈电路逻辑表达式,画出改变反馈函数形式的电原理图及预期功能验证波形图.

2.9.2.5 实验报告要求

1. 计数器与译码器构成的顺序脉冲信号发生器
(1) 列出预习报告中需修改的内容.
(2) 记录用异步二进制加法计数器与译码器相组合构成的顺序脉冲信号发生器的功能验证波形图及时序仿真波形图.记录方案改进后的时序仿真波形图.
(3) 记录用同步二进制加法计数器与译码器相组合构成的顺序脉冲信号发生器的功能验证波形图及时序仿真波形图.并与异步计数器的结果相比较.
(4) 从计数器实现所需的器件数量、时钟与计数器输出信号之间的关系等方面分析同步与异步计数器的利弊.

2. 环型计数器构成的顺序脉冲信号发生器
(1) 列出预习报告中需修改的内容.
(2) 记录用环型计数器构成的顺序脉冲信号发生器的功能验证波形图和时序仿真波形图.
(3) 分析和总结.

3. 伪随机序列发生器*
(1) 列出预习报告中需修改的内容.
(2) 记录如图 2-9-2 所示的 4 位伪随机序列发生器的功能验证波形图.
(3) 记录改变反馈函数形式的功能验证波形图.
(4) 分析和总结.

§2.10 状态机设计(自动售货机)

2.10.1 实验原理

设一个自动售货机的功能如下:投币口能投入五角和一元的硬币.投入一元五角后机器自动出售一罐饮料;投入两元后在给出饮料的同时找回五角硬币.

取投入硬币的状态为输入开关变量,五角用 A 表示,未投入为 $A=0$,投入为 $A=1$. 一元用 B 表示,未投入为 $B=0$,投入为 $B=1$. 给出饮料和找回硬币为输出变量,给出饮料时 $Y=1$,不给出时 $Y=0$. 找回硬币时 $Z=1$,不找回时 $Z=0$.

设未投币前电路的初始状态为 S_0,投入五角后(即在 S_0 时输入 $A=1$, $B=0$) 为 S_1;投入一元后为 S_2(包括投入两个五角或投入一个一元,即在 S_1 时输入 $A=1$, $B=0$ 或在 S_0 时输入 $A=0$, $B=1$). 在投入一元后再投入一个五角(即在 S_2 时输入 $A=1$, $B=0$) 电路返回 S_0,同时输出 $Y=1$, $Z=0$. 如在投入一元后再投入一个一元(即在 S_2 时输入 $A=0$, $B=1$) 电路返回 S_0,同时输出 $Y=1$, $Z=1$.

按此题意只需 3 个状态,可列出如表 2-10-1 所示的状态转换表和如图 2-10-1 所示的状态图.

表 2-10-1　自动售货机的状态 (S^{n+1}/YZ) 转换表

S^n \ BA	00	01	10	11
S_0	S_0/00	S_1/00	S_2/00	X/XX
S_1	S_1/00	S_2/00	S_0/10	X/XX
S_2	S_2/00	S_0/10	S_0/11	X/XX

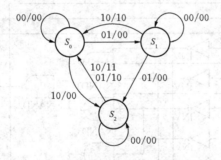

图 2-10-1　自动售货机的(BA/YZ)状态图

取触发器的位数为两位,触发器的状态 Q_1Q_0 的 00, 01, 10 分别代表 S_0, S_1, S_2,即可从状态转换表或状态图得出如表 2-10-2 所示的电路次态和输出的状态分配表.

表 2-10-2　自动售货机的状态(Q_1Q_0/YZ)分配表

Q_1Q_0 \ BA	00	01	11	10
00	00/00	01/00	XX/XX	10/00
01	01/00	10/00	XX/XX	00/10
11	XX/XX	XX/XX	XX/XX	XX/XX
10	10/00	00/10	XX/XX	00/11

通过卡诺图化简得到电路的状态方程和输出方程：

$$Q_1^{n+1} = \overline{Q_1^n} \cdot \overline{Q_0^n} \cdot B + Q_1^n \cdot \overline{A} \cdot \overline{B} + Q_0^n \cdot \overline{A}$$

$$Q_0^{n+1} = \overline{Q_1^n} \cdot \overline{Q_0^n} \cdot A + Q_0^n \cdot \overline{A} \cdot \overline{B}$$

$$Y = Q_1^n \cdot B + Q_1^n \cdot A + Q_0^n \cdot B$$

$$Z = Q_1^n \cdot B$$

如上述触发器用 D 触发器来实现,则 D 触发器的驱动方程为

$$D_1 = \overline{Q_1^n} \cdot \overline{Q_0^n} \cdot B + Q_1^n \cdot \overline{A} \cdot \overline{B} + Q_0^n \cdot \overline{A}$$

$$D_0 = \overline{Q_1^n} \cdot \overline{Q_0^n} \cdot A + Q_0^n \cdot \overline{A} \cdot \overline{B}$$

根据状态方程和输出方程得到的电原理图如图 2-10-2 所示.

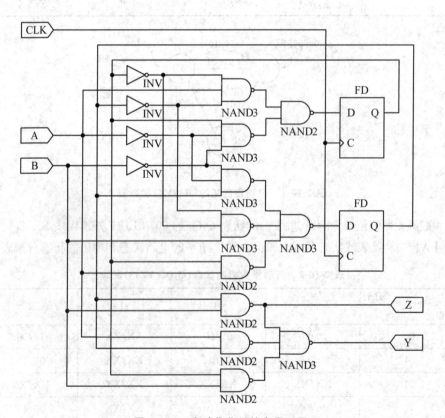

图 2-10-2　自动售货机的电原理图

由于在设计化简的过程中采用了任意项,因此有必要检验电路处于任意项时状态机的功能,根据图 2-10-2 所示的电原理图可推出电路的状态图如图 2-10-3 所示.

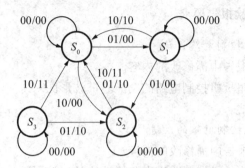

图 2-10-3　根据电原理图推出的(BA/YZ)状态图

很明显,利用上述电路能实现原定的逻辑功能,但如开机时电路处于 11 状态,则输入为 00 时电路维持 11 状态;如输入为 01,电路进入 10 状态,输出为 10;如输入为 10 ,电路进入 00 状态,输出为 11;上述结果显然是错误的,因此必须对此电原理图增加复位功能,以保证电路在复位时进入 00 的状态.

2.10.2　实验内容

2.10.2.1　自动售货机控制电路设计

完善自动售货机控制电路的状态机描述,画出利用 D 触发器构成的电原理图,并进行功能验证.

2.10.2.2　自动售货机控制电路的改进[*]

设投币口投入五角和一元的硬币时,信号已转换为一个正脉冲,应如何修改所设计的电原理图,试验证其功能.

2.10.2.3　实验预习报告内容

1. 自动售货机控制电路设计

推导自动售货机控制电路的状态机逻辑表达式,画出利用 D 触发器构成的电原理图,并画出预期的功能验证波形图.

2. 自动售货机控制电路的改进＊

画出投币口投入五角和一元的硬币转换为一个正脉冲信号时,自动售货机的电原理图,并画出预期的功能验证波形图.

2.10.2.4 实验报告要求

1. 自动售货机控制电路设计
(1) 列出预习报告中需修改的内容.
(2) 记录自动售货机控制电路的功能验证波形图.
(3) 分析和总结.

2. 自动售货机控制电路的改进＊
(1) 列出预习报告中需修改的内容.
(2) 记录自动售货机控制改进电路的功能验证波形图.
(3) 分析和总结.

§2.11 交通灯控制器＊

2.11.1 实验原理

设计一个按时间间隔控制的交通灯控制器,其功能描述如下:

某十字路口有两组信号灯,分别为东西向红(R_{EW})、绿(G_{EW})、黄(Y_{EW}),南北向红(R_{NS})、绿(G_{NS})、黄(Y_{NS}),设控制量为 1 时能将灯点亮,为 0 时灯不亮. 表 2-11-1 为上述信号灯的控制表,试叙述灯的控制过程.

表 2-11-1 信号灯的控制

时间	红(R_{EW})	绿(G_{EW})	黄(Y_{EW})	红(R_{NS})	绿(G_{NS})	黄(Y_{NS})
1~10 s	0	1	0	1	0	0
11~15 s	0	0	1	1	0	1
16~25 s	1	0	0	0	1	0
26~30 s	1	0	1	0	0	1
31~40 s	0	1	0	1	0	0

2.11.2 实验内容

(1) 将交通灯控制器划分为时序产生和控制功能实现两个功能框图,指出每个功能块的输入输出信号.

(2) 采用 D 触发器,用电原理图的方法实现,并验证.

(3) 自行设计实验预习报告与实验报告的内容.

§2.12 逻辑单元图形符号

图 2-12-1 为国家标准(GB4728.12-85)二进制逻辑单元图形符号与 ISE 软件逻辑符号对照图表.

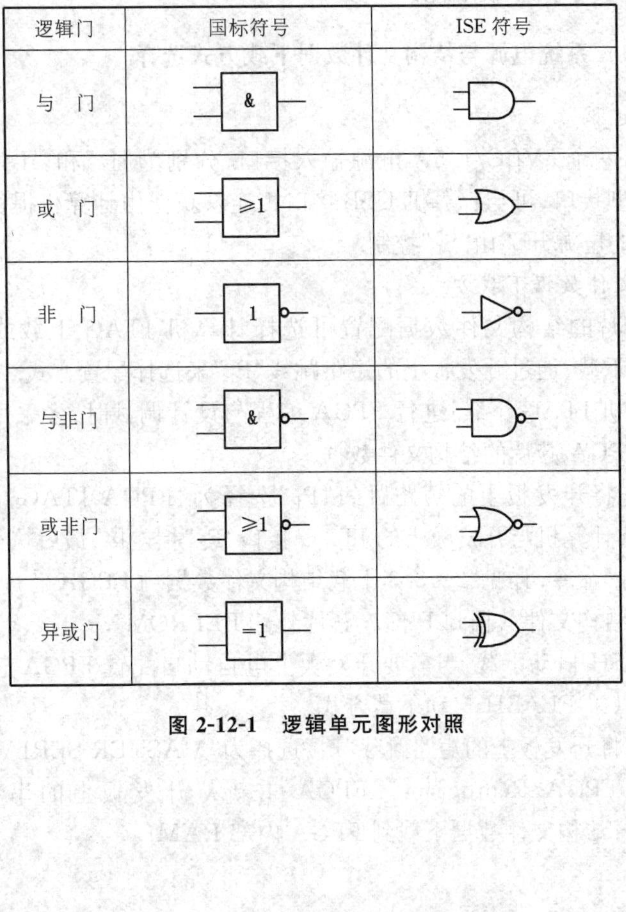

逻辑门	国标符号	ISE 符号
与 门	&	
或 门	≥1	
非 门	1	
与非门	&	
或非门	≥1	
异或门	=1	

图 2-12-1 逻辑单元图形对照

§2.13 FPGA 结构数据下载

将项目的结构文件数据装入 FPGA.通过数据下载,FPGA 将具有具体的逻辑功能.

2.13.1 实验开发板 FPGA 外围设备

实验开发板主芯片采用 50 万门的 Xilinx Sprtan3E FPGA - XC3S500E、PQ208 贴片封装的可编程逻辑器件.板上集成的外围设备具体包括:用于 FPGA 外扩 SDRAM 存储器、EEPROM 配置芯片、VGA 视频显示口、自适应网络接口、UART 接口、串行 AD、串行 DA、点阵 LCD、4 位动态显示 7 段数码管、拨动开关、LED 指示灯、蜂鸣器、按键、扩展 IO 接口.

2.13.1.1 系统电源与结构文件数据下载方式选择

1. 系统电源

开发板有两个 5VDC/1.5A 电源输入接口,分别为"J_7"和"J_8".其中"J_8"为 USB TypeA 型接口,可与计算机 USB 接口相连以获得由计算机提供的 5 V 直流电源.开发板的电源开关由"S_1"控制.

2. 结构文件数据下载方式

FPGA 芯片的结构文件数据配置可选计算机 JTAG 下载或者开发板上 FLASH 自动下载,通过开发板上的短路跳线"P_1"来选择配置方式.

(1) 计算机 JTAG 下载:进行 FPGA 编程与设计调试时,多采用 JTAG 下载方式来配置 FPGA 芯片的结构文件数据.

方法是先将开发板上的短路跳线"P_1"选择为"FPGA JTAG",再用 JTAG-USB 下载线将计算机与开发板上的 JTAG 接口"P_2"相连接,最后执行 ISE 软件的 "Programming"命令.详见"2.13.3 下载结构文件数据到 FPGA 芯片内部 RAM"、"2.13.4 下载结构文件数据到 FPGA 芯片外部 EEPROM".

(2) FLASH 自动下载:当需要开发板上电自动自配置 FPGA 芯片的结构文件数据时,可以采用 FLASH 自动下载方式.

方法是先将开发板上的短路跳线"P_1"选择为"MASTER SERIAL",再按下载 "PB_{13}"按键(FPGA Reprogram),FPGA 重新从开发板上的串行 EEPROM (XCF04S)中将结构文件数据下载到 FPGA 内部 RAM.

2.13.1.2 外围输入设备的 FPGA 芯片管脚定义

1. 系统时钟

25 MHz 晶体振荡器作为开发板系统时钟 CLK 输入,接至 FPGA 芯片 P_{80} 管脚.

2. 按键

13 个按键的默认状态输入为高电平,按下状态输入为低电平.

按键名称	PB_1	PB_2	PB_3	PB_4	PB_5	PB_6	PB_7
FPGA 管脚	P_{58}	P_{71}	P_{72}	P_{91}	P_{54}	P_{57}	P_{43}
按键名称	PB_8	PB_9	PB_{10}	PB_{11}	PB_{12}	PB_{14}	
FPGA 管脚	P_{51}	P_{169}	P_{31}	P_{32}	P_{33}	P_6	

3. 拨动开关

8 位"SW1"拨动开关"OFF"状态对应输入高电平,"ON"状态对应输入低电平.

开关位	SW_0	SW_1	SW_2	SW_3	SW_4	SW_5	SW_6	SW_7
FPGA 管脚	P_{204}	P_{194}	P_{20}	P_{26}	P_{184}	P_{34}	P_{175}	P_{174}

4. PS2 接口

两个 PS2 接口分别为鼠标 MOUSE 接口"J_3"、键盘 KB 接口"J_2".

输入信号	MOUSEDATA	MOUSECLOCK	KBDATA	KBCLOCK
FPGA 管脚	P_{77}	P_{78}	P_{75}	P_{76}

2.13.1.3 外围输出设备的 FPGA 芯片管脚定义

1. LED 指示灯

10 个 LED 指示灯输出. 对应输出高电平时 LED 亮,输出低电平时 LED 熄灭.

LED 指示灯	LED_0	LED_1	LED_2	LED_3	LED_4
FPGA 管脚	P_{16}	P_{18}	P_{19}	P_{22}	P_{23}
LED 指示灯	LED_5	LED_6	LED_7	LED_8	LED_9
FPGA 管脚	P_{24}	P_{25}	P_{28}	P_{29}	P_{30}

2. 7段LED数码管

4位动态显示数码管"DS1"。7段笔划及小数点低电平有效,片选驱动低电平有效。

7段笔划与小数点	DL_a	DL_b	DL_c	DL_d	DL_e	DL_f	DL_g	DL_DP
FPGA管脚	P_{151}	P_{138}	P_{145}	P_{150}	P_{152}	P_{146}	P_{140}	P_{147}
4位片选驱动	DLA_0	DLA_1	DLA_2	DLA_3				
FPGA管脚	P_{153}	P_{144}	P_{137}	P_{139}				

3. 蜂鸣器

通过调整FPGA芯片管脚P_{74}的输出脉冲频率,来控制蜂鸣器"LS_1"的发声音调。

4. D25标准VGA接口

通过调整红绿蓝三色的各输出位,控制VGA接口"J_1"的模拟灰度电平。

三色灰度	RED_0	RED_1	RED_2	$GREEN_0$	$GREEN_1$	$GREEN_2$	$BLUE_0$	$BLUE_1$
FPGA管脚	P_{97}	P_{96}	P_{94}	P_{93}	P_{90}	P_{89}	P_{86}	P_{84}
行、帧同步	HD	VD						
FPGA管脚	P_{83}	P_{82}						

5. LCD接口

采用通用1602液晶显示模块,为16×2字符的点阵LCD接口"LCD_1"。

双向数据	D_0	D_1	D_2	D_3	D_4	D_5	D_6	D_7
FPGA管脚	P_{132}	P_{129}	P_{128}	P_{127}	P_{126}	P_{123}	P_{122}	P_{120}
控制信号	LCD_RS	LCD_RW	LCD_E					
FPGA管脚	P_{135}	P_{134}	P_{133}					

2.13.1.4 外围双向设备的FPGA芯片管脚定义

1. 扩展双向接口

为16位输入输出双向接口"J_9"和4位输入输出双向接口"P_7"。

J_9 双向信号	IO_0	IO_1	IO_2	IO_3	IO_4	IO_5	IO_6	IO_7
FPGA 管脚	P_{69}	P_{68}	P_{65}	P_{64}	P_{63}	P_{62}	P_{61}	P_{60}
J_9 双向信号	IO_8	IO_9	IO_{10}	IO_{11}	IO_{12}	IO_{13}	IO_{14}	IO_{15}
FPGA 管脚	P_{41}	P_{42}	P_{45}	P_{47}	P_{48}	P_{49}	P_{50}	P_{55}
P_7 双向信号	IO_{16}	IO_{17}	IO_{18}	IO_{19}				
FPGA 管脚	P_{36}	P_{35}	P_{40}	P_{39}				

2. I2C 总线接口

集成 I2C 总线的 EEPROM(M24C04),I2C 总线"P_4"与 FPGA 管脚互连。

I2C 总线信号	SDA	SCL
FPGA 管脚	P_{12}	P_{15}

3. RS232 接口

两个标准 UART 接口分别为 S_1 接口"J_4"、S_2 接口"J_5",电平转换器件为 MAX3232。

信号	S1_TX	S1_RX	S2_TX	S2_RX
FPGA 管脚	P_{206}	P_{154}	P_2	P_{159}

4. ETHERNET 网口

网口"J_6"采用标准 RJ45 接口,其物理层接口芯片为 Intel 的 LXT971A。

5. AD/DA 接口

AD(AD7476/12bit)的输入信号由短路跳线"P_3"来选择:

5-6 脚短路选择外输入接口"TS1"为 AD 输入信号,3-4 脚短路选择可变电阻器"VR1"为 AD 输入信号,1-2 脚短路选择 DA(AD5300/8bit)输出为 AD 输入信号。

信号	DAC_CS	DAC_SCLK	DAC_SDIN	ADC_CS	ADC_SCLK	ADC_DOUT
FPGA 管脚	P_3	P_4	P_5	P_8	P_{11}	P_9

6. RAM 存储器

为 FPGA 外扩存储器(8M Byte)SDRAM(Mt48LC8M8A2)。

2.13.2 结构文件数据配置下载的准备

2.13.2.1 接通 FPGA 开发板电源和 JATG 下载线

首先接通 FPGA 开发板电源,然后采用 JTAG – USB 转接器,将 PC 机 USB 接口与实验开发板 JTAG 接口连接起来,具体连线如图 2-13-1 所示。

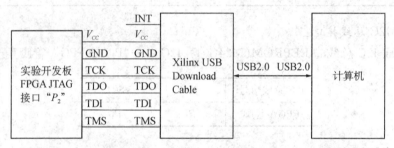

图 2-13-1　JTAG 下载线与实验开发板 JTAG 接口"P_2"连接图

2.13.2.2 完成项目顶层电路原理图的编辑与修改

以如图 2-13-2 所示的应用项目(E:\XXXX\Xilinx\EX1\EX1.ise)为例,顶层电路(Timer.sch)的下层宏单元为 2.5×10^6 分频电路(Count2M5.sch)、4 位十进制计数电路(Count4D.sch)、4 位十进制数动态扫描显示电路(Display.sch)、7 段译码显示电路(Decode.sch)。

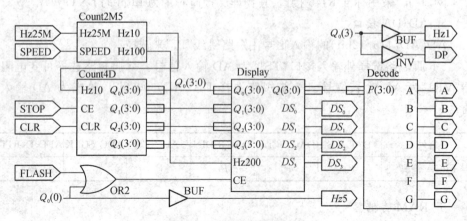

图 2-13-2　定时电路的例子

电路受 25 MHz 系统时钟触发,对 10 Hz 信号进行 4 位十进制计数显示,小数点与两个发光管以 1 Hz 或 5 Hz 速率闪烁;当清除键按下时,计数从零开始;当暂停键按下时,计数停止;当闪烁键按下时,计数结果以闪烁;当加速键按下时,计数和闪烁速率均提高 10 倍。

对应 FPGA 实验开发板的硬件资源情况,将原理图各输入端、输出端分配至 FPGA 管脚的情况如表 2-13-1 所示。

完成项目顶层电路原理图的编辑与修改,执行文件保存命令。

表 2-13-1 FPGA 管脚的分配

项目顶层原理图			FPGA 实验开发板	
端口名	方向	功能	硬件资源	FPGA 管脚
Hz25M	输入	25 MHz 系统时钟	25 MHz 晶体振荡器	P_{80}
SPEED	输入	加速键	按键"PB_4"	P_{91}
STOP	输入	暂停键	按键"PB_1"	P_{58}
CLR	输入	清除键	按键"PB_2"	P_{71}
FLASH	输入	闪烁键	按键"PB_3"	P_{72}
Hz1	输出	1 Hz 闪光	发光二极管 LED5	P_{24}
Hz5	输出	5 Hz 闪光	发光二极管 LED4	P_{23}
DS_0	输出	十进制计数个位	数码管片选驱动 DLA_3	P_{139}
DS_1	输出	十进制计数十位	数码管片选驱动 DLA_2	P_{137}
DS_2	输出	十进制计数百位	数码管片选驱动 DLA_1	P_{144}
DS_3	输出	十进制计数千位	数码管片选驱动 DLA_0	P_{153}
A	输出	十进制数笔划	数码管笔划 DL_a	P_{151}
B	输出	十进制数笔划	数码管笔划 DL_b	P_{138}
C	输出	十进制数笔划	数码管笔划 DL_c	P_{145}
D	输出	十进制数笔划	数码管笔划 DL_d	P_{150}
E	输出	十进制数笔划	数码管笔划 DL_e	P_{152}
F	输出	十进制数笔划	数码管笔划 DL_f	P_{146}
G	输出	十进制数笔划	数码管笔划 DL_g	P_{140}
DP	输出	小数点 1 Hz 闪光	数码管小数点 DL_DP	P_{147}

2.13.2.3 分配 FPGA 管脚

1. 产生项目实现约束文件

(1) 点击文件管理"Sources"栏中的"Sources"标签,以进入如图 2-13-3 所示的 ISE 项目管理器界面,对准顶层原理图名(如"Timer.sch"),按鼠标右键选择"New Source"下拉菜单命令.

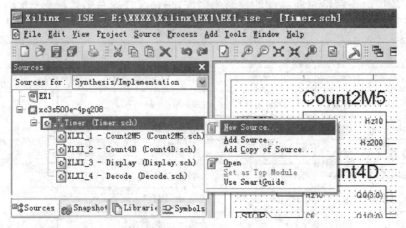

图 2-13-3 进入新建文件向导

(2) 在如图 2-13-4 所示"Select Source Type"对话框,选择"Implementation Constraints File",填入项目实现约束文件名(如"Timer"),点击"Next"按钮.

图 2-13-4 选择实现约束文件

(3) 在如图 2-13-5 所示的"Summary"对话框,点击"Finish"按钮.完成约束文件的新建.

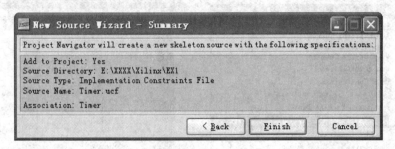

图 2-13-5 实现约束文件新建完成

(4) 项目实现约束文件新建完成后,项目实现约束文件(如"Timer.ucf")出现在文件管理"Sources"栏标签中的树形结构里,如图 2-13-6 所示.

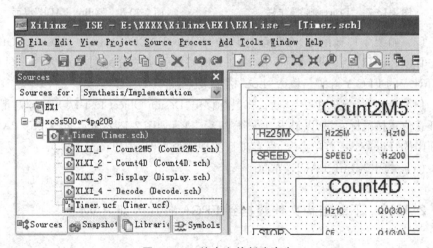

图 2-13-6 约束文件新建产生

2. 分配 FPGA 管脚

(1) 在原理图文件已经保存的情况下,在如图 2-13-3 所示的项目管理器界面,将鼠标对准顶层原理图名(如"Timer.sch"),按右键选择"Set as Top Module"下拉菜单命令.

(2) 在如图 2-13-7 所示的"Processes"项目资源操作栏,点击"Processes"标签,双击"Create Area Constraints",开始在项目实现约束文件中(如"Timer.ucf")进行 FPGA 管脚分配.

图 2-13-7 "Processes"操作栏

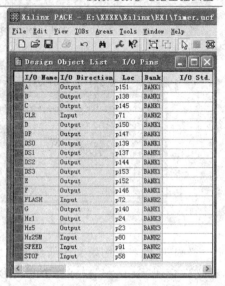

图 2-13-8 "Xilinx PACE"界面

（3）如图 2-13-8 所示，在自动打开的"Xilinx PACE"界面中的"Design Object List-I/O Pins"对话窗里，参照"表 2-13-1 FPGA 管脚的分配"，将顶层原理图 I/O 端口对应的 FPGA 管脚名填入"Loc"栏中。

（4）"Loc"栏全部填写完毕后，将鼠标移出"Design Object List-I/O Pins"对话窗，在任意位置按鼠标左键，以退出"Loc"栏填写。执行如图 2-13-8 所示的"Xilinx PACE"界面中的"File/Save"菜单命令，保存项目实现约束文件(如"Timer.ucf")。

（5）关闭"Xilinx PACE"界面。

2.13.3 下载结构文件数据到 FPGA 芯片内部 RAM

2.13.3.1 指定 bit 编程文件

（1）在如图 2-13-9 所示的"Processes"操作栏中，展开"Generate Programming File"，双击"Configure Device (iMPACT)"。

（2）在如图 2-13-10 所示"iMPACT-Welcome to iMPACT"对话窗，选"Finish"按钮。

（3）在如图 2-13-11 所示的"Assign New Configuration File"对话窗，为实验开发板 FPGA 芯片内部 RAM 选择对应的下载结构数据文件(如点击"Timer.bit")，再点击"Open"按钮。

第2篇 数字逻辑基础实验

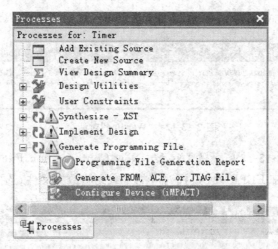

图 2-13-9 "Processes"项目资源操作栏

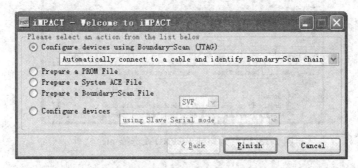

图 2-13-10 "iMPACT-Welcome to iMPACT"对话窗

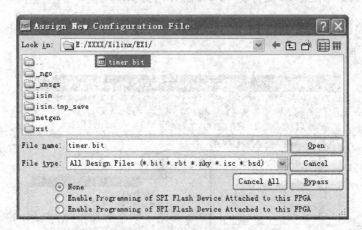

图 2-13-11 为内部 RAM 选择 bit 文件

(4) 在出现的如图 2-13-12 所示的"Warning"对话窗,点击"OK"按钮。

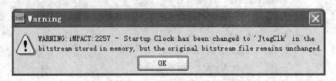

图 2-13-12 "Warning"对话窗

(5) 在如图 2-13-13 所示的"Assign New Configuration File"对话窗,不打算为 FPGA 芯片外部 EEPROM 选择对应的下载结构数据文件,选择"Bypass"按钮。

图 2-13-13 为外部 EEPROM 选择 mcs 文件

2.13.3.2 下载 bit 文件到 FPGA 芯片内部 RAM

(1) 编程窗如图 2-13-14 所示,在 FPGA 芯片(如"xc3s500e")上右键选择"Program"命令。

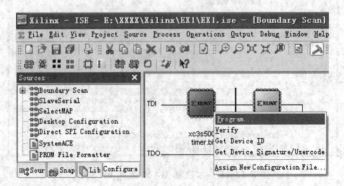

图 2-13-14 编程窗

第2篇 数字逻辑基础实验

(2) 在弹出的如图 2-13-15 所示的编程属性窗选择"OK"按键.

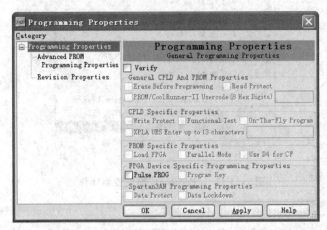

图 2-13-15 编程属性窗

(3) 结构数据文件下载完成的情况如图 2-13-16 所示,可观察验证顶层逻辑设计在开发板上工作的正确性.

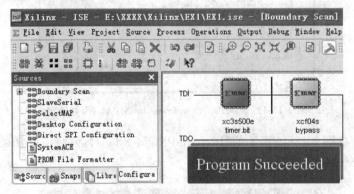

图 2-13-16 编程完成

2.13.4 下载结构文件数据到 FPGA 芯片外部 EEPROM

2.13.4.1 指定 mcs 编程文件

1. 准备 PROM 编程文件

(1) 在如图 2-13-17 所示的"Processes"操作栏,展开"Generate Programming

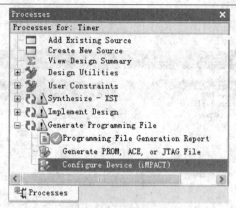

图 2-13-17 "Processes"项目资源操作栏

File",双击"Configure Device(iMPACT)"。

(2) 在如图 2-13-18 所示的"iMPACT-Welcome to iMPACT"对话窗,选择"Prepare a PROM File",按"Next"按钮。

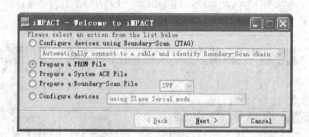

图 2-13-18 "iMPACT-Welcome to iMPACT"对话窗

(3) 在如图 2-13-19 所示的"Prepare PROM File"对话窗,指定 PROM 文件名(如"Timer.mcs"),按"Next"按钮。

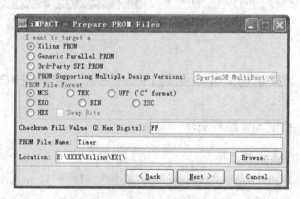

图 2-13-19 准备 PROM 文件

2. 指定 PROM 器件型号

（1）出现如图 2-13-20 所示的"Specify Xilinx PROM Device"对话窗，在"Select a PROM (bits)"栏中，指定 PROM 器件型号（如"xcf04s"），按"Add"按钮。

（2）在如图 2-13-20 所示的"Specify Xilinx PROM Device"对话窗，按"Next"按钮。

（3）在出现的如图 2-13-21 所示"File Generation Summary"对话窗，按"Finish"按钮。

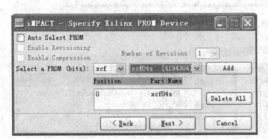

图 2-13-20　指定 PROM 器件

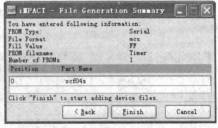

图 2-13-21　PROM 文件完成准备

3. 生成 PROM 文件

（1）在如图 2-13-22 所示的"Add Device"消息窗，按"OK"按钮。

（2）在随后出现的如图 2-13-23 所示的"Add Device"器件文件选择对话窗中，从项目文件路径（如 E:/XXXX/Xilinx/EX1/），指定 bit 文件名（如"Timer.bit"），按"打开"按钮。

图 2-13-22　"Add Device"消息窗

（3）在如图 2-13-24 所示的"Add Device"消息窗，按"No"按钮。

（4）在如图 2-13-25 所示的"Add Device"消息窗，按"OK"按钮。

（5）随后出现如图 2-13-26 所示的"PROM File Formatter"界面，在"Processes"操作栏点击"Processes"标签中的"Generate File"，以生成 mcs 文件。

（6）当出现"PROM File Generation Succeeded"消息框时，PROM 文件生成，如图 3-5-10 所示。

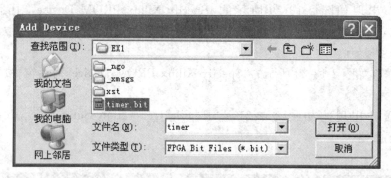

图 2-13-23 选择 bit 文件

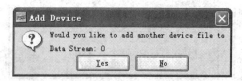

图 2-13-24 "Add Device"消息窗

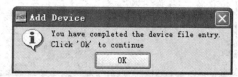

图 2-13-24 "Add Device"消息窗

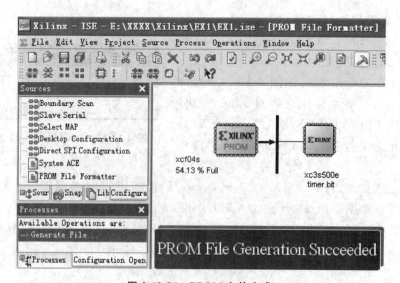

图 2-13-26 PROM 文件生成

4. 选择 mcs 编程文件

(1) 在如图 2-13-27 所示的 "PROM File Formatter"界面，双击项目件管理栏中的"Boundary Scan"。

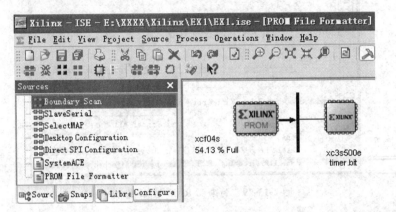

图 2-13-27　边界扫描

(2) 在窗口中间空白处按鼠标右键，选择"Initialize Chain"下拉菜单命令，如图 2-13-28 所示。

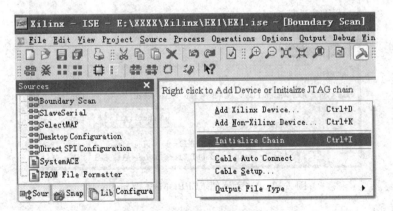

图 2-13-28　JTAG 接口初始化

(3) 在如图 2-13-29 所示的"Assign New Configuration File"对话窗，不打算为 FPGA 芯片内部 RAM 选择对应的下载结构数据文件，选择"Bypass"按钮。

(4) 在如图 2-13-30 所示的"Assign New Configuration File"对话窗，为实验开发板 FPGA 芯片外部 EEPROM 选择对应的下载结构数据文件（如点击"Timer．mcs"），再点击"Open"按钮。

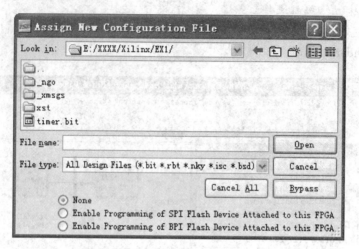

图 2-13-29　为内部 RAM 选择 bit 文件

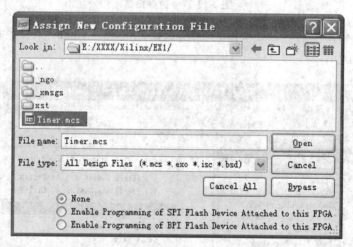

图 2-13-30　为外部 EEPROM 选择 mcs 文件

2.13.4.2　下载 mcs 文件到 FPGA 芯片外部 EEPROM

（1）编程窗如图 2-13-31 所示，在 EEPROM 器件（如"xcf04s"）上右键选择"Program"命令。

（2）在弹出的如图 2-13-32 所示的编程属性窗选择"OK"按键．结构数据文件下载完成的情况如图 2-13-33 所示。

第 2 篇　数字逻辑基础实验

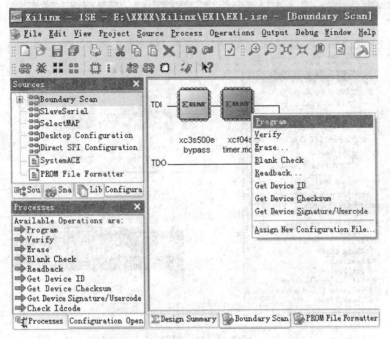

图 2-13-31　编程窗

图 2-13-32　编程属性窗

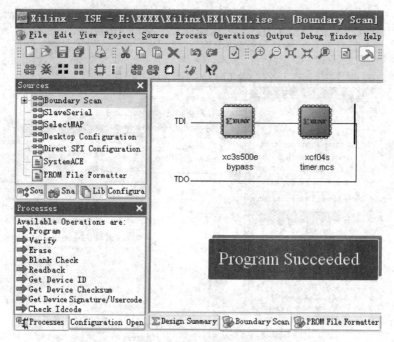

图 2-13-33　编程完成

(3) 按动实验开发板上的"PB_{13}"按键,或者实验开发板重新上电,FPGA 芯片将自动从外部 EEPROM 器件中下载结构数据文件,可观察验证顶层逻辑设计在开发板上工作的正确性。

第3篇　印刷电路板设计基础实验

印刷电路板(PCB)设计是电路实现的关键过程.设计者通过 PCB 编辑软件 Altium Designer 绘制导电图形(如元件引脚焊盘、连线、过孔等)、丝网漏影符号(如元件轮廓、序号、型号等说明性文字),形成 PCB 制板文件.印刷电路板制造商根据 PCB 文件描述的电路板电气连接信息,通过电子束曝光在覆铜绝缘基板上刻蚀出导电图形,钻出元件引脚焊盘孔、实现多层电气互连的过孔以及固定整个电路板所需的螺丝孔,并使焊盘与过孔金属化.电路中的各个器件通过绝缘基板上的印刷导线、焊盘及金属化过孔实现元器件引脚之间的电气连接,形成与电路原理图拓扑结构完全一致的印刷电路板.

使用 Altium Designer 设计印刷电路板的主要流程如下:

1. 建立印刷电路板设计工程项目

印刷电路板设计工作以工程项目管理形式进行.根据电路系统设计需求,一个 Altium Designer 设计工程项目可以包含各种设计文件,如原理图 SCH 文件、电路板图 PCB 文件、库文件及各种报表等,多个设计项目还可构成一个设计项目组(ProjectGroup).

2. 编辑电原理图

通过对工程项目中的电路原理图进行建立与编辑,定义电路元件之间的电气连接关系,为随后进行的印刷电路板设计提供电路器件互连依据.必要时对电路原理图进行仿真测试,对电路原理图进行电气规则检查.

3. 产生与编辑印刷板

通过电路原理图生成印刷电路板文件,实现原理图与 PCB 之间的联系.然后进行确定印刷电路板尺寸、元件布局、手工与自动布线等 PCB 文件编辑工作,通过进行设计规则检查,纠正布线错误.

4. 自定义元件库

元件库包括原理图库、PCB 元器库.常用的原理图元件符号、元件封装图形可以由 Altium Designer 软件提供,然而特殊元件符号、封装图形有必要通过对元件库进行编辑,以创建新的元件符号、封装图形,或对原有的元件符号、封装图形进行修改.

本篇实验使用 Altium Designer 软件对模拟与数字电路进行印刷板设计,力求在较短时间内掌握印刷电路板设计制作要领.实验内容包括单面印刷电路板设计、双面印刷电路板设计、原理图元件创建、印刷板元件封装图形创建等4个基础实验.

§3.1 单面印刷电路板设计

3.1.1 印刷电路板设计原理

3.1.1.1 印刷电路板层次结构

根据导电层数目,将印刷电路板分为单面板、双面板和多层电路板.

单面板所用的绝缘基板只有一面敷铜箔,只能在敷铜箔面上制作包括固定、连接元件引脚的焊盘和实现元件引脚互连的印刷导线.该导电图形面称为焊锡面或底层(Bottom Layer).没有铜膜的一面用于安放元件,称为元件面或顶层(Top Layer).单面板结构简单,生产成本低,但布线设计难度最大,布通率低,少量无法通过印刷导线连接的节点,只能使用飞线连接.

双面板的绝缘基板上下两面均覆盖铜箔,因此能够在上下两面制作元件焊盘、印刷导线、实现上下两面电气互连的金属化过孔.在双面板中,元件安装在顶层(Top Layer),另一面为底层(Bottom Layer)焊锡面.双面板制作成本较高,但布线设计相对容易,布通率高.

多层板中导电层的数目一般为4层以上,顶层(Top Layer)、底层(Bottom Layer)以及中间层(Mid Layer)可以作为信号层(Signal Layer),中间层还可以有电源/地线层(Internal Plane).各层之间的电气连接通过元件引脚焊盘和金属化过孔实现.多层板布通率高,印刷板面积可以很小,只是成本最高.

表征元件轮廓、序号、型号等说明性文字的丝网漏影符号通常处于元件面(Top OverLayer).

3.1.1.2 印刷电路板元件布局

印刷板元件布局是PCB设计的关键,元件布局的合理性对印刷电路板布线的布通率影响很大.布局的一般过程是,先手工放置核心元件、电源及信号接插件、对干扰敏感元件以及大功率元件,然后对剩余元件进行自动布局,最后再手工调整个别元件的位置.

1. 分区放置

在电路系统中,数字电路、模拟电路以及大电流电路必须分区放置,区域内元件集中布局,使各区域的参考地线便于集中一点接地,以防止各子系统之间的地线耦合干扰.

元件按信号流向依次放置,输入信号缓冲元件、输出信号驱动元件以及信号接插件应尽量靠近印刷电路板边框,以尽可能缩短输入/输出信号线.

较重元件如变压器应靠近支撑点,以防止印刷板电路板产生弯曲.

2. 元件间距

元件距离印刷板边框一般大于 200 mil(5.08 mm). 必须增加发热元件之间、发热元件与热敏元件之间的距离,以保证电路系统的热稳定性. 对于电位差较大的相邻分区,如高压电路与低压电路之间的元件间距应足够大,以防止干扰与击穿.

但是,不适当地拉大元件间距,除了使印刷板面积增大,成本增加外,还会使连线过长,印刷导线寄生电容、电阻、电感等增加,降低整个电路系统的性能.

3. 退耦电容

退耦电容一般采用 0.1 μF 的瓷片电容,其寄生电感为 5 nH,可以滤除 10 MHz 以下的高频信号. 原则上在每 1~4 块数字 IC 芯片的电源和地线引脚之间并联一个退耦电容,在电源接插件的电源线和地线间并联 10 μF 左右的钽电解电容(寄生电感小).

3.1.1.3 印刷电路板布线

通过印刷导线布线,实现由电路原理图所描述的元件之间的电气连接.

1. 走线方向

印刷导线转折点内角选择为 135°. 如果小于 90°,则导线总长度增加,致使导线电阻和寄生电感增大. 在双面或多层印刷板中,上下两层信号线的走线方向应尽量相互垂直,避免平行走线,以减少相互间的信号耦合. 高频电路的走线须严格限制平行布线的长度.

2. 隔离屏蔽

在数据总线中,可间隔布置信号地线,以实现各位信号间的隔离. 模拟信号线应尽量靠近地线,远离大电流和电源线. 在双面电路板中,为防止高频时钟信号产生的辐射,可在时钟电路下方底层面内放置一个金属填充接地区,以避免在时钟电路下方走线.

3. 单点接地

分区域布线的数字电路、模拟电路、大电流电路、高压电路等子系统的电源线、地线必须先单独走线,然后再分别单点接到系统电源线、地线上.不能多点接地,否则难以避免子系统间通过电源线、地线的寄生电阻或电感形成的相互干扰.

4. 印刷导线宽度

印刷导线的宽度选择取决于该导线上电流的大小,50 μm 厚度×1.27 mm (50 mil)宽度的铜箔导线的最大允许电流约为 1 A.对于小功率的数字、模拟电路印刷板,地线和电源印刷导线宽度一般可选择为 50～100 mil,大功率电路地线和电源线宽应该为 200 mil 以上.数字、模拟电路的信号线通常电流较小(50 mA 以下),线宽可取 10 mil.

5. 印刷导线间距

受绝缘电阻、击穿电压、刻蚀工艺等因素的限制,印刷导线之间、印刷导线与焊盘或过孔之间的距离不能过小.对于低压电路(数字电路),最小间距可取 10 mil.对于 200 V 以上电压的电路板,间距不小于 50 mil.

3.1.2　Altium Designer 使用入门

3.1.2.1　新建电路板工程项目

1. 程序启动与路径目录选择

(1) 执行"开始"→"程序"→"Altium Designer"命令,启动 Altium Designer.

(2) 在 Altium Designer 主界面,执行"DXP/优先选项"命令.在 System-General 标签页指定印刷板工程项目"文档路径",可通过"浏览"选择目录路径(如"E:\XXXX\Altium Designer"),单击"确定"按钮.

2. 创建工程项目文件

(1) 在 Altium Designer 主界面,执行"文件/新建/工程/PCB 工程"命令,创建一个新的印刷板项目文件(.PrjPCB).在 Project 子窗口,默认的项目名为"PCB_Project1.PrjPCB".

(2) 鼠标对准该项目名按右键,选择"保存工程为…".在"Save [PCB_Project1.PrjPCB] As…"界面创建新文件夹(如"EX1"),在文件名栏输入工程项目文件名(如"EX1.PrjPCB").单击"保存"按钮.

3.1.2.2 电路原理图编辑

1. 新建电原理图文件

在 Project 子窗口,对准指定项目(如"EX1. PrjPCB")按鼠标右键,选择"给工程添加新的/Schematic"菜单命令,产生电原理图文件 Sheet1. SchDoc,进入电路原理图编辑状态.

2. 放置元件与连线

(1) 在原理图内放置所需元件.

(2) 执行"放置/电源端口"命令,以放置原理图中的地 GND,以及偏置电源 V_{DD},V_{SS},V_{CC} 等符号.

(3) 执行"放置/线"、"放置/手工接点"、"放置/网络标号"等命令,将有关电路元件符号连接在一起.

3. 元件属性定义

(1) 用鼠标双击待编辑元件符号,进入"元件属性"选项设置窗口,指定元件序号"标识"Designator、"封装形式"Footprint、型号"注释"Part 等选项.

(2) 检查原理图中所有集成电路器件的电源和地线引脚名称,以确定其与原理图中的 V_{DD},V_{SS},V_{CC},GND 等名称一致. 可双击准待检查器件,在"元件属性"窗口点击"编辑 Pin…"按钮,进入"元件 Pin 编辑器"标签窗.

4. 原理图的电气检查

执行菜单命令"工程/Compile PCB Project EX1. PrjPCB",进行电气规则检查 ERC,找出并纠正电路图中可能存在的缺陷.

3.1.2.3 印刷电路板设计

1. 印刷板文件新建与编辑器工作参数设置

(1) 在 Project 子窗口,鼠标对准指定项目文件名(如"EX1. PrjPCB")按右键,选择"给工程添加新的/PCB"子菜单命令,新建印刷板文件 PCB1. PcbDoc,进入 PCB 编辑状态.

(2) 选择电路板的层数,设置可视栅格的大小、形状,以及元件、连线移动栅格的大小.

2. 电路板尺寸与固定螺丝孔

(1) 在禁止布线层(Keep Out Layer)上,执行"放置/走线"命令,画出由导线围成的封闭图形区,以确定印刷电路板的布线区与电路板尺寸.

(2) 执行"放置/焊盘"命令,在印刷电路板特定位置放置固定螺丝孔. 以双击来改变这些固定螺丝孔的属性(主要是孔径).

3. 从原理图导入元件封装

(1) 执行"设计/Import Change From EX1. PrjPCB"命令,实现原理图与 PCB 之间的联系.

(2) 将元件封装图移至电路板布线区内,完成元件布局.

(3) 编辑丝印层(Top OverLayer)上的元件序号、注释字符串.

4. 设计规则设置

定义自动布线规则,主要设置最小线间距、最小线宽、布线层及走线方向等.

5. 手工与自动布线

(1) 对电源线、地线、重要的信号线等先预布线,然后进行自动布线.

(2) 自动布线后,对不理想的连线、没有布通的连线进行手工修改.还可用敷铜填充区以及泪滴焊盘来提高印制板的可靠性.

6. 设计规则检查

进行设计规则检查,纠正布线错误.若设计规则检查结果没有报告致命错误,则保存印刷电路板的编辑结果.

3.1.3 实验内容

3.1.3.1 晶体振荡器电路原理图编辑

图 3-1-1 为由 TTL 非门组成的 10 MHz 晶体振荡器电路原理图.电路偏置电源由外部提供,系统输出以及供电输入均通过 3.96 mm 间距 4 芯插座与外部连接.

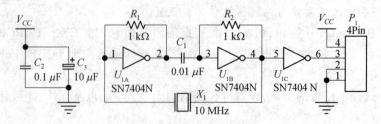

图 3-1-1 晶体振荡器电路原理图

表 3-1-1 列出了原理图中各器件的原理图元件符号、印刷板元件封装符号,表 3-1-2 为器件库查找路径.使用原理图编辑器对图 3-1-1 所示电路进行编辑,然后

由原理图更新印刷电路初始文件.

表 3-1-1　元件的原理图符号与印刷板封装符号

标识	原理图元件符号		印刷板元件封装符号	
	Lib Ref	Libraries(*.IntLib)	Footprint	Libraries(*.PcbLib)
C_1	Cap Pol1	Miscellaneous Devices	Rb-.2/.4	Miscellaneous
$C_?$	Cap	Miscellaneous Devices	Sip-2	Miscellaneous
P_1	Header4	Miscellaneous Connectors	MT6CON4V	3.96mm Connectors
$R_?$	Res2	Miscellaneous Devices	Axial-0.4	缺省
X_1	Xtal	Miscellaneous Devices	Xtal-1	Miscellaneous
U_1	SN7404N	TI Logic Gate1	N014	缺省

表 3-1-2　器件库查找路径

器件库文件名	查找路径
Miscellaneous Device.IntLib	C:\⋯\Altium Designer\Library
Miscellanenous Connectors.IntLib	C:\⋯\Altium Designer\Library
TI Logic Gate1.IntLib	C:\⋯\Altium Designer\Library\Texas Instruments
Miscellaneous.PcbLib	E:\Protel\Generic Footprints\Miscellaneous
3.96 mm Connectors.PcbLib	E:\Protel\Connectors\3.96mm Connectors

3.1.3.2　晶体振荡器电路印刷板设计

图 3-1-2 为由 TTL 非门组成的 10 MHz 晶体振荡器印刷电路板元件布局及电路板尺寸图. 印刷板面积为 1 800 mil × 1 200 mil(45.72 mm × 30.48 mm), 印刷板 4 个顶角分别有一个直径为 120 mil(3.048 mm)的定位钻孔, 钻孔距两个顶角边均为 100 mil(2.54 mm), 4 芯插座位于印刷板短边.

使用印刷板编辑器进行元件布局、手工布线, 用单面印刷电路板实现. 最后使用 DRC 工具对印刷板进行设计规则检查, 以排除布线错误. 可以参照 3.1.4 节实验步骤进行电路设计.

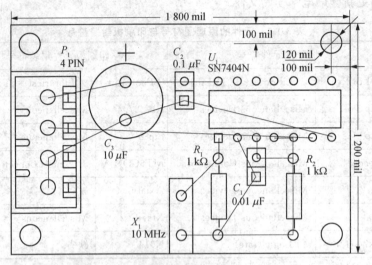

图 3-1-2　印刷电路板元件布局及电路板尺寸

3.1.4　实验步骤

3.1.4.1　新建电路板工程项目

1. 程序启动与印刷板工程项目路径选择

(1) 执行"开始"→"程序"→"Altium Designer"命令,启动 Altium Designer.

(2) 在 Altium Designer 主界面,执行"DXP/优先选项"命令.在 System-General 标签页指定印刷板工程项目"文档路径",可通过"浏览"选择目录路径(如"E:\XXXX\Altium Designer"),单击"确定"按钮.

2. 创建工程项目文件

(1) 在 Altium Designer 主界面,执行"文件/新建/工程/PCB 工程"命令,创建一个新的印刷板项目文件(.PrjPCB).在 Project 子窗口,默认的项目名为 PCB_Project1.PrjPCB.

(2) 鼠标对准该项目名按右键,选择"保存工程为…".在"Save [PCB_Project1.PrjPCB] As…"界面创建新文件夹(如"EX1"),在文件名栏输入工程项目文件名(如"EX1.PrjPCB").单击"保存"按钮.

3.1.4.2 电路原理图的编辑

1. 新建电原理图文件

(1) 电路板工程项目新建后,在 Project 子窗口,对准指定项目文件名(如"EX1. PrjPCB")按鼠标右键,选择"给工程添加新的/Schematic"子菜单命令,产生电原理图文件 Sheet1. SchDoc,进入电路原理图编辑状态.

(2) 按键盘 PageUp 或 PageDown 键,选择恰当的原理图显示比例.

2. 放置器件符号

(1) 执行"Place/Part(放置/器件)"命令,以放置电路元件(如"SN7404N").

(2) 在"Place Part(放置器件)"窗口,单击"…"浏览按钮,以查找元件所在原理图符号库文件. 可参照表 3-1-1、表 3-1-2 查找器件库所在路径.

(3) 在"Browse Libraries(浏览库)"窗口,选择 Libraries(库)列表中的器件库. 如果所需元件库文件不在库列表中,则可单击"…"浏览按钮,进入"可用库"界面,单击"安装"按钮.

(4) 在"Open(打开)"窗口,从"查找范围"选择库路径(如"C:\…\Altium Designer\Library\Texas Instruments"),以添加所需元件库(如"TI Logic Gate1. IntLib")至 Libraries 器件库列表中.

(5) 从 Components(组件名)列表选择器件符号(如"SN7404N"). 单击"确定",返回"Place Part"窗口.

(6) 单击"确定"按钮,将所需元件符号拖到原理图编辑区内恰当位置处. 必要时按下空格、X 键、Y 键旋转翻转元件位置,然后单击鼠标左键,固定该元件. 可以连续放置相同性质的元件符号. 再单击鼠标右键,退出元件放置状态.

3. 放置电源或地线符号

(1) 执行"Place/Power Port(放置/电源端口)"命令,以放置电源或地线符号. 将所需电源或地线符号移到指定位置后,单击鼠标左键,将其放置在该位置. 可以连续放置所需电源或地线符号,单击鼠标右键或 Esc 键以结束目前的操作.

(2) 对准电源或地线符号,双击鼠标左键,在"Power Port(电源端口)"界面对电源和地线进行属性设置. 主要属性有 Net(网络标号)、Style(形状类型).

若对于正电源,则 Net 设置为 V_{CC}、Style 设置为 Bar.

若对于 0V 参考点,则 Net 设置为 GND、Style 设置为 Power Ground.

4. 原理图符号连线操作

执行"Place/Wire(放置/线)"命令. 将光标移到连线起点,并单击鼠标左键固定. 移动光标到导线拐弯处时,单击鼠标左键以固定导线的转折点. 当光标移到连线终点时，单击鼠标左键以固定导线的终点，再单击鼠标右键结束本次连线．欲退出连线状态，可再单击鼠标右键或按 Esc 键．

5. 原理图元件属性设置

(1) 双击原理图编辑区内元件符号，可进入"元件属性"设置窗．

(2) 在"Property(属性)"框，设置"Designator(标识)"为通配符(如 $R?$)、"Part Comment(注释)"为型号规格(如"1k")．

(3) 双击设置窗右下角"Models"框内"类型"中的"Footprint"，进入"PCB Model"窗口，以更改器件 PCB 封装．

(4) 在"PCB Library"框选择"any"，在"Footprint Model"框按"Browse…"按钮，出现"浏览库"窗口．可参照表 3-1-1、表 3-1-2 查找器件 PCB 封装库所在路径．

(5) 选择 Name(名)列表中的元件封装图形．如果所需封装图形(如"Axial-0.4")不在当前封装图形库中，则可单击"…"浏览按钮．进入"可用库"界面，单击"安装"按钮．

(6) 在"Open(打开)"窗口，从"查找范围"选择库路径(如"C:\…\Altium Designer\Library")，以添加所需元件封装图形库(如"Miscellaneous Device.IntLib")至 Libraries 器件库列表中．

表 3-1-2 中，Altium Designer 库在软件程序安装路径下，而 Protel 库在工程项目自定义路径中，可通过执行"文件/导入向导"命令，选择"99SE DDB Files"可导入 Protel 库．

6. 原理图电气规则检查

(1) 执行"Tools/Annotate"(工具/标注所有器件)命令，对元件"Designator(标识)"进行自动编号，如电阻"$R?$"将被标注为"R_1"、"R_2"等．

(2) 执行菜单命令"工程/Compile PCB Project EX1．PrjPCB"，进行电气规则检查 ERC，找出并纠正电路图中可能存在的缺陷．

若弹出"Message"消息窗口，则表明电路原理图 ERC 结果存在非致命警告(Warning)或致命性错误(Error)两类．在"Message"对话框单击"Error"，打开"Compile Error"对话框中的错误对应原理图对象进行修改．此时原理图被修改对象高亮显示，其他元器件和导线都会模糊，修改完成后单击图纸下方的"清除"按钮，原理图编辑状态复原．

(3) 重新返回步骤(2)进行电气规则检查 ERC，直至没有弹出"Message"消息窗口，表明电路原理图无致命性错误．执行"File/Save"命令，保存原理图的编辑结果．

3.1.4.3 印刷电路板的编辑

1. 新建印刷板文件新建与编辑器工作参数设置

(1) 在 Project 子窗口,鼠标对准指定项目文件名(如"EX1.PrjPCB")按右键,选择"给工程添加新的/PCB"子菜单命令,新建印刷板文件 PCB1.PcbDoc,进入 PCB 编辑状态.

(2) 执行菜单命令"设计/板参数选项".在"Document Options(板选项)"窗内,"Measurement Unit(度量单位)"栏为"Imperial"、"Snap(跳转栅格)"栏为 25 mil、"Component Snap(组件栅格)"栏为 50 mil、"Electrical Grid(电气栅格)"栏为 8 mil、"Visible Grid(可视化栅格)"为 100 mil,单击"确定"按钮.

2. 电路板尺寸与固定螺丝孔

(1) 按键盘 PageUp 或 PageDown 键,选择恰当的印刷板图显示比例.

(2) 单击 PCB 编辑器下边的"Keep Out Layer"标签,执行"Place/Track(放置/走线)"命令.在禁止布线层(Keep Out Layer)上,画由导线围成的封闭图形区(尺寸为 1 800 mil × 1 200 mil),以确定印刷电路板的布线区与电路板尺寸.

(3) 在印刷电路板 4 个顶角分别放置一个直径为 118 mil(3 mm)的定位螺丝孔(焊盘).

执行"Place/Pad"(放置/焊盘)命令,将焊盘移至印刷电路板顶角,按鼠标左键放置一个焊盘.连续移动,按鼠标左键放置下一个焊盘,直至放置完 4 个焊盘.按鼠标右键结束焊盘的放置.

用鼠标对准一个焊盘,双击鼠标左键,在"Pad(焊盘)"属性窗设置 X-Size 为 120 mil、Y-Size 为 120 mil、Shape(外形)为 Round、"Hole Size(通孔尺寸)"为 118 mil、"Layer(层)"为 Multi-Layer.单击"确定"按钮.

3. 从原理图导入元件封装

(1) 执行"文件/保存"命令,保存印刷板文件 PCB1.PcbDoc.

(2) 执行"设计/Import Change From EX1.PrjPCB"命令.在"Engineering Change Order(工程更改顺序)"窗单击"Execute Changes(执行更改)"和"Close(关闭)"按钮,实现原理图与 PCB 之间的联系.

(3) 连续按 PgDn 键,缩小 PCB 显示比例,可删除"Sheet1 Room"器件加载空间.将元件封装图逐一移到电路板的布线区内,完成元件预布局.编辑丝印层上的元件序号、注释信息等字体及大小,调整其位置.如图 3-1-2 所示.

4. 设计规则设置

(1) 执行"Design/Rules"(设计/规则)命令.在"PCB 规则与约束编辑器"窗口

"Design Rules"标签下,设置安全间距与布线宽度约束.

(2) 点击"Electrical/Clearance/Clearance",设置"最小安全间距"为 10 mil.

(3) 对准"Routing/Width"点击规则"Width",设置"名称"为 ALL、在"Where the First Object Matches"框选择"所有的"、"Minimum"为 10 mil、"Preferred"为 10 mil、"Maximum"为 100 mil,单击"应用"按钮.最后单击"确定"按钮,完成安全间距与布线宽度约束设置.

5. 手工布线

(1) 单击 PCB 编辑器下边的"Bottom Layer"标签,选择在底面(焊锡层)连线.

(2) 执行"Place/Interactive Routing"(放置/交互式布线)命令.

(3) 按下 Tab 键,激活"Interactive Routing For Net [All]"选项设置窗,设置"Width From User Preferred Value"线宽值,单击"确定"按钮.

(4) 移动鼠标对地线及电源线(线宽 100 mil)、其他信号线(线宽 10 mil)进行手工布线.将光标移到连线的起点,单击鼠标左键固定,移动光标到印刷导线转折点,单击鼠标左键固定,再移动光标到印刷导线的终点,单击鼠标左键固定,再单击右键终止.当需要结束连线操作时,必须再单击鼠标右键或按下 Esc 键.

6. 设计规则检查

(1) 执行"Tools/Design Rule Check(工具/设计规则检测)"命令.在"Design Rule Check"窗内,单击"Run DRC"按钮启动设计规则检查进程.

(2) PCB 编辑器产生并启动文本编辑器显示检查报告文件内容.单击 PCB 文件标签,返回 PCB 编辑状态,修正所有致命性错误.

(3) 重复步骤(1),进行设计规则检查,直到不再出现错误信息,或至少没有致命性错误为止.执行"File/Save"命令,保存印刷电路板的编辑结果.

§3.2 双面印刷电路板设计

3.2.1 实验原理

在印刷电路板的元器件分布密度不太高的情况下,从电路成本考虑,大多采用单面印刷电路板.但对于元器件间互连关系较复杂的数字电路、数字/模拟混合系统以及小尺寸多元件电路,如果不允许飞线,则必须采用双面印刷电路板,甚至多层印刷电路板.

3.2.1.1 金属化过孔与双面走线

1. 金属化过孔与上下两层间的电气连接

双面印刷电路板的元件面(Top Layer)与焊锡面(Bottom Layer)的电气连接是通过元件引脚焊盘(Pad)以及金属化过孔(Via)实现的。

一般情况下，单个金属化过孔仅用于传递小功率信号，不适于作为通过大电流的地线及偏置电源。通常采用元器件引脚焊盘来实现大电流地线及偏置电源的元件面与焊锡面互连。

2. 双面印刷电路板的布线方向

对于双面印刷电路板，低层焊锡面上的布线方向最好与集成电路放置方向平行。这样低层的集成电路引脚焊盘之间就不存在信号连线穿越，以避免焊接工序可能造成的短路。而顶层元件面上的布线方向应尽量与低层焊锡面上的布线方向垂直，这样上下两层信号耦合最小，有利于提高系统的抗干扰能力。

3.2.1.2 双面印刷电路板设计预处理

1. 新建或打开印刷板工程项目

在 Altium Designer 主界面，执行"文件/新建/工程/PCB 工程"命令，或者执行"文件/打开工程"命令，可以创建或者打开印刷板项目文件(如"EX2.PrjPCB")。

2. 新建电原理图与印刷板文件

(1) 在 Project 子窗口，对准指定项目(如"EX2.PrjPCB")按鼠标右键，选择"给工程添加新的/Schematic"菜单命令，新建电原理图文件 Sheet1.SchDoc。再执行"文件/保存"命令。

(2) 在 Project 子窗口，对准指定项目(如"EX2.PrjPCB")按鼠标右键，选择"给工程添加新的/PCB"菜单命令，新建印刷板文件 PCB1.PcbDoc。再执行"文件/保存"命令。

3. 电路原理图编辑

(1) 在 Altium Designer 主界面，点击上方"Sheet1.SchDoc"标签，在 SCH 界面进行电路原理图编辑，定义电路中各元件属性(Footprint)和电气互连关系。如图 3-2-1、表 3-2-1、表 3-2-2 所示。

(2) 类似元件 Footprint 属性的批量设置，以无极性电容 Cap 为例。以鼠标左键选中任一无极性电容，按右键选中"查找相似对象"菜单命令，在"找到相似对象"窗的"Object Specific"框中，将"Description/Capacitor"栏的内容由"Any"改为"Same"，勾选"选择匹配"。

随后出现"SCH Inspector"窗口.在"Object Specific"框中,将"Current Footprint"改为"SIP-2".在"Parameters"框中,将"Package Reference"改为"SIP-2".

点击原理图编辑界面右下角的"清除"按钮,返回 SCH 编辑状态.

(3) 执行"设计\Update PCB Document PCB1.PcbDoc"菜单命令,更新的 PCB 文件与电路原理图中各元件电气互连关系完全相同(飞线显示元件互连关系).

4. 印刷电路板元件布局

(1) 在 Altium Designer 主界面,点击上方"PCB1.PcbDoc"标签,进入 PCB 编辑界面.

(2) 执行菜单命令"设计/板参数选项",设置 PCB 编辑器工作参数.

(3) 在禁止布线层(Keep Out Layer)上,画出由导线围成的封闭图形区,以确定印刷电路板的布线区与电路板尺寸.

(4) 在印刷电路板放置数个定位螺丝孔(焊盘),执行"查找相似对象"菜单命令,对这些焊盘"Hole Size(通孔尺寸)"进行批量设置.

(5) 连续按 PgDn 键,缩小 PCB 显示比例,可删除"Sheet1 Room"器件加载空间.将元件封装图逐一移到电路板的布线区内,完成元件预布局.编辑丝印层上的元件序号、注释信息等字体及大小,调整其位置.如图 3-2-2 所示.

3.2.1.3 双面印刷电路板设计规则设置

执行"Design/Rules"(设计/规则)命令.在"PCB 规则与约束编辑器"窗口,设置"Design Rules"标签下的 4 项主要规则,即安全间距、布线宽度、布线优先权、过孔尺寸.设置完成后,单击"确定"按钮,退出设计规则设置窗口.

1. 设置安全间距

点击"Electrical/Clearance/Clearance",在"约束"框设置"最小安全间距"为 10 mil.

2. 设置布线宽度

地线和电源导线宽度首选 100 mil,信号线宽度首选 10 mil.

(1) 对准"Routing/Width"按鼠标右键选择"新规则".多次操作可产生"Width","Width-1","Width-2"等 3 个规则.

(2) 点击规则"Width",设置"名称"为 GND,在"Where the First Object Matches"框选择"网络/GND",在"约束"框设置"Minimum"为 10 mil、"Preferred"为 100 mil、"Maximum"为 100 mil.单击"应用"按钮.

(3) 点击规则"Width-1",设置"名称"为 V_{DD},在"Where the First Object Matches"框选择"网络/V_{DD}",在"约束"框设置"Minimum"为 10 mil、"Preferred"为 100 mil、"Maximum"为 100 mil.单击"应用"按钮.

(4) 点击规则"Width-2",设置"名称"为 ALL,在"Where the First Object Matches"框选择"所有的",在"约束"框设置"Minimum"为 10 mil、"Preferred"为 10 mil、"Maximum"为 100 mil. 单击"应用"按钮.

3. 设置布线优先权

地线布线优先权最高,电源布线优先权其次,信号线布线优先权最低.
(1) 点击"Routing/Width",显示 GND, V_{DD}, ALL 等 3 个"Width"规则列表.
(2) 在"PCB 规则与约束编辑器"窗口,点击"优先权"按钮,进入"编辑规则优先权"窗口.
(3) 选择"GND"名称,点击"增加优先权"按钮,使其优先权为 1.
(4) 选择"V_{DD}"名称,点击"增加优先权"或"减少优先权"按钮,使其优先权为 2.
(5) 选择"ALL"名称,点击"减少优先权"按钮,使其优先权为 3.
(6) 单击"关闭"按钮,退出"编辑规则优先权"窗口.

4. 设置过孔类型及尺寸

点击"Routing/Routing Via Style/Routing Vias",在"约束"框设置过孔"直径"为 50 mil、"孔径"为 28 mil.

3.2.1.4 双面印刷电路板设计自动布线

经过元件布局、布线设计规则设置后,可以分别对整个电路板、特定网络、特定连线、指定区域、特定器件等按设计规则约束进行自动布线. 对整个电路板自动布线的步骤如下:
(1) 执行"AutoRoute/All(自动布线/全部)"命令,以对整个电路板进行自动布线.
(2) 在"状态行程策略"自动布线设置界面,点击"Route All". 完成布线后出现 Message 对话框,显示布线信息.

3.2.1.5 双面印刷电路板设计后续处理

1. 手工布线

双面印刷电路板自动布线完成后,有必要对某些不理想的走线进行修正,或者对某些无法自动布通的连接需要进行手工布线加以完善.

在手工布线(执行"Place/Interactive Routing"命令)的过程中,可以按动键盘"*"键以实现元件面与焊锡面两层间的切换. 与此同时,金属化过孔在手工布线及层间切换的过程中被自动放置在双面印刷电路中. 另外,通过执行"Place/Via(放置/过孔)"命令,可进行金属化过孔的放置.

2. 设计规则检查

执行"Tools/Design Rule Check(工具/设计规则检测)"命令,启动设计规则检查.修正检查报告文件中所有致命性错误.

3.2.2 实验内容

3.2.2.1 三位数字频率计电路原理图编辑

图 3-2-1 为由 CMOS 逻辑器件组成的 1 kHz~999 kHz 三位数字频率计电路原理图,使用 Altium Designer 原理图编辑器进行电路编辑.

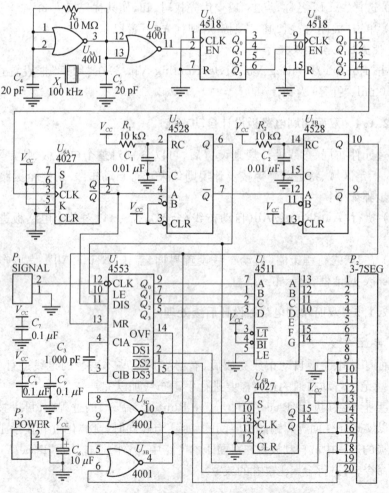

图 3-2-1　1 kHz~999 kHz 三位数字频率计原理图

如图 3-2-1 所示的原理图中,P_1 为被测输入信号(2 芯 2.54 mm)插座,P_2 为三位动态扫描显示 7 段数码管电路连接(20 芯 2.54 mm)插座,P_3 为 5 V 直流电源(2 芯 3.96 mm)插座,C_6 为电解电容,$C_?$ 为瓷片电容,$R_?$ 为 1/8 W 碳膜电阻,X_1 为晶体,$U_?$ 为 CMOS 逻辑器件.

表 3-2-1 和表 3-2-2 列出了原理图中各器件的原理图元件符号、印刷板元件封装符号、器件库查找路径.

表 3-2-1 元件的原理图符号与印刷板封装符号

标识	原理图元件符号		印刷板元件封装符号	
	Lib Ref	Libraries(*.IntLib)	Footprint	Libraries(*.PcbLib)
C_6	Cap Pol1	Miscellaneous Devices	Rb-.2/.4	Miscellaneous
$C_?$	Cap	Miscellaneous Devices	Sip-2	Miscellaneous
P_1	Header2	Miscellaneous Connectors	Sip-2	Miscellaneous
P_2	Header20	Miscellaneous Connectors	FKV20LB	2.54mm Plain Connectors
P_3	Header2	Miscellaneous Connectors	MT6CON2V	3.96mm Connectors
$R_?$	Res2	Miscellaneous Devices	Axial-0.4	缺省
X_1	Xtal	Miscellaneous Devices	Xtal-1	Miscellaneous
U_1	MC14553	ON Semi Logic Counter	620-10	缺省
U_2	MC14511	ON Semi Interface Display Driver	620—10	缺省
U_3	MC14001	ON Semi Logic Gate	632-08	缺省
U_4	MC14518	ON Semi Logic Counter	620-10	缺省
U_5	MC14528	ON Semi Logic Multivibrator	620-10	缺省
U_6	MC14027	ON Semi Logic Flip-Flop	620-10	缺省

表 3-2-2 器件库查找路径

器件库文件名	查找路径
Miscellaneous Device.IntLib	C:\…\Altium Designer\Library
Miscellaneous Connectors.IntLib	C:\…\Altium Designer\Library
ON Semi Logic Counter.IntLib	C:\…\Altium Designer\Library\ON Semiconductor
ON Semi Interface Display Driver.IntLib	C:\…\Altium Designer\Library\ON Semiconductor

（续表）

器件库文件名	查找路径
ON Semi Logic Gate. IntLib	C:\…\Altium Designer\Library\ON Semiconductor
ON Semi Logic Counter. IntLib	C:\…\Altium Designer\Library\ON Semiconductor
ON Semi Logic Multivibrator. IntLib	C:\…\Altium Designer\Library\ON Semiconductor
ON Semi Logic Flip-Flop. IntLib	C:\…\Altium Designer\Library\ON Semiconductor
Miscellaneous. PcbLib	E:\Protel\Generic Footprints\Miscellaneous
3.96mm Connectors. PcbLib	E:\Protel\Connectors\3.96mm Connectors
2.54mm Plain Connectors. PcbLib	E:\Protel\Connectors\2.54mm Plain Connectors

3.2.2.2 三位数字频率计印刷电路板设计

图 3-2-2 为印刷电路板尺寸图，印刷板尺寸为 3 025 mil×2 200 mil(76.835 mm×55.88 mm)，定位钻孔直径为 120 mil(3.048 mm)，钻孔中心距顶角边 100 mil (2.54 mm)。

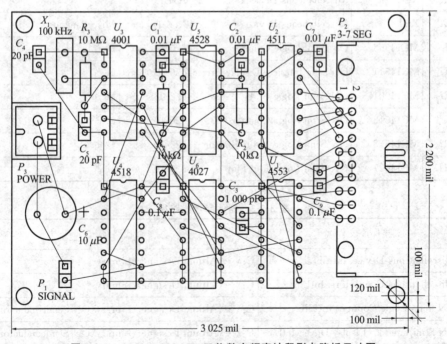

图 3-2-2　1 kHz～999 kHz 三位数字频率计印刷电路板尺寸图

使用 Altium Designer 印刷板编辑器进行印刷电路板元件布局,并分别以手工和自动布线方法进行印刷电路设计.注意 V_{CC} 与 GND 的线宽为 100 mil(2.54 mm),其余信号线宽度为 12 mil(0.304 8 mm).

最后使用 DRC 工具对印刷电路板进行设计规则检查,排除布线错误.

§3.3 原理图元件符号创建

3.3.1 实验原理

电路原理图使用元件原理图符号、连线来描述电路系统中各元器件之间的连接关系,从中提取的网络表文件是印刷板设计过程中自动布局、自动布线的依据.

许多常用的原理图元件符号可以在 C:\…\Altium Designer\Library 路径下获得,但是也有相当数量的元件符号未被收录至 Altium Designer 元件符号库.因此,在电路设计过程中有必要通过使用原理图元件符号编辑器(SchLib)来创建新的元件图形符号,或对原有的元件图形符号进行修改.

3.3.1.1 原理图元件符号库文件管理

1. 打开原理图元件符号库文件

执行"File/Open…(文件/打开)"命令,选择原理图元件符号库文件(如"E:\XXXX\Altium Designer\EX3\User3.SchLib").

2. 进入原理图元件符号编辑状态

在"SCH Library"窗内的"元件"框,选择待编辑元件名称,或者点击"添加"按钮产生库文件内新元件.

3. 编辑原理图元件符号

编辑、修改元件电气符号的图形、管脚、标识、封装等属性参数.详见"3.3.1.2 原理图元件符号的创建".

4. 更新电路原理图设计

如果需要更新相关的电路原理图设计,则可执行"Tools/Update Schematics(工具/更新原理图)"命令,使电路原理图设计文件中的相关元件符号得到更改.

3.3.1.2 原理图元件符号的创建

1. 新建原理图元件符号库文件

(1) 在 Altium Designer 主界面,执行"文件/打开工程"命令,选择印刷板项目文件(如"EX3.PrjPCB")。

(2) 在 Project 子窗口,对准指定项目(如"EX3.PrjPCB")按鼠标右键,选择"给工程添加新的/Schematic Library"菜单命令,新建原理图元件符号库文件 Schlib1.SchLib,并自动产生第一新元件 Componet_1 图形符号编辑区。

(3) 执行"文件/保存为"命令,将原理图元件符号库文件更名为"User3.SchLib"。

(4) 执行"Tools/Rename Componet(工具/重新命名器件)"命令,更改元件符号名(如"MAX489/491")。

2. 编辑原理图元件图形符号

(1) 执行"Place(放置)"菜单下的各子命令,绘制"线"、"矩形"、"多边形"等元件符号图形,双击图形可定义"边界颜色"、"填充颜色"、"边框宽度"。

(2) 执行"Place/Pins(放置/引脚)"命令,在图形符号编辑区多个恰当位置连续放置新的引脚。按鼠标右键可结束放置。

3. 修改引脚特性

在图形符号编辑区双击待编辑引脚,在"Pin 特性"窗口设置以下 6 个主要引脚特性,完成后单击"确定"按钮。

(1) 显示名称 Name:为引脚名称字符串,可以是空白。如果电气类型为 Power,则必须置为 GND,V_{CC} 等网络名;如果在字符后插入"\",则表示该引脚低电平有效,如"W\R\"。

(2) 标识 Number:为引脚序号,不能缺省,必须与 PCB 封装图形的引脚(焊盘)编号一致。

(3) 电气类型 Electrical:电气属性选择为输入引脚 Input、输入输出双向引脚 IO、输出引脚 Output、集电极开路输出引脚 Open Collector、被动引脚 Passive、三态输出引脚 HiZ、发射极开路输出引脚 Emitter、电源引脚 Power。

(4) 隐藏:对于 Power 电气类型的引脚(如"GND,V_{CC}"),"隐藏"选项通常被选,"Connect to"栏填入 GND 或者 V_{CC}。

(5) 符号:在元件符号图形"里面"、"内边沿"、"外部边沿"、"外部"等处的引脚形状。如"内边沿"选中"Clock",在引脚线段端点处将出现">"符号,表示为时钟引脚;如"外部边沿"选中"Dot",在引脚线段端点处将出现小圆圈,表示为负逻辑引脚.

(6) 长度:引脚长度一般取 10 的整数倍,以保证原理图编辑连线对准.

4. 添加新部件

如果创建的新元器件同一封装内含有多个部件,如 MAX489/491 封装内包含发送器与接收器两个部件,则有必要对同一封装内每个部件逐一进行创建.

(1) 执行"Tools/Add Part(工具/新部件)"命令,进入第二部件 Part B 图形符号编辑区.

(2) 编辑第二部件 Part B 图形符号、引脚特性.

5. 元件属性描述

(1) 执行"Tools/Description(工具/器件属性)"命令,进入"Library Componet Properties"元件属性设置窗口.

(2) 在"Default Designator(标识)"栏设置元件缺省序号(如"U$_?$"),选择"可见的"选项.

(3) 在"注释"栏设置元件型号规格(如 MAX489/491),选择"可见的"选项.

(4) 在"Models for MAX489/491"栏,点击"添加"按钮. 进入"PCB Model"窗口.

(5) 在"PCB Library"框选择"any",在"Footprint Model"框单击"Browse…"按钮,出现"浏览库"窗口. 例如,可以在"E:\Protel\Generic Footprints\AdvPcb\Pcb Footprints.PcbLib"封装库中选择"DIP14"作为器件封装形式 Footprint.

(6) 执行"File/Save(文件/保存)"命令,将新创建的元件图形库文件存盘.

3.3.2 实验内容

3.3.2.1 RS485 总线驱动接收器元件符号的创建

创建 RS485 总线驱动接收器 MAX489/491 的原理图元件符号. MAX489/491 器件的元件封装图(DIP14)以及原理图符号如图 3-3-1 所示,单片器件内集成了驱动与接收两部分电路(Part). 电源(Power)管脚为 14(V_{CC})、6(GND)、7(GND),设置为隐藏(Hidden).

3.3.2.2 RS232/RS485 总线转换电路原理图编辑

图 3-3-2 为由 RS485 总线驱动接收器件、光电耦合器件组成的 RS232/RS485 总线转换电路原理图,使用 Altium Designer 原理图编辑器进行电路编辑.

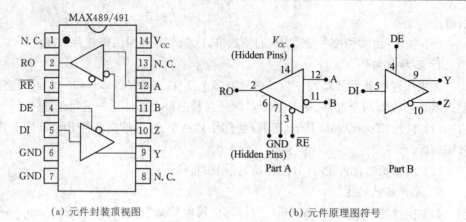

(a) 元件封装顶视图　　　　　　　　(b) 元件原理图符号

图 3-3-1　MAX489/491 的元件封装图以及原理图符号

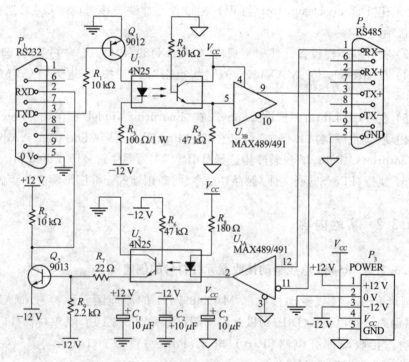

图 3-3-2　RS232/RS485 总线转换电路原理图

如图 3-3-2 所示的原理图中,P_1 为 RS232 总线信号(9 芯 DB 阴)插座,P_2 为 RS485 总线信号(9 芯 DB 阳)插座,P_3 为 ±12 V 与 5 V 直流电源(5 芯 3.96 mm)插座,U_3 为 RS485 总线驱动接收器,U_1 和 U_2 为光电耦合器件,$Q_?$ 为晶体管,$C_?$

为电解电容，R_3 为 1 W 电阻，R_2 为 1/8 W 电阻。

总线转换电路采用光电耦合器件将 RS232 电路部分（连接计算机）与 RS485 电路部分（连接外部通信系统）的地线及电源线实现电隔离，因此不同部分的电路地网络标识和类型必须分别定义信号地（0V，Signal Ground）与电源地（GND，Power Ground）。

表 3-3-1 和表 3-3-2 分别列出了原理图中各器件的原理图元件符号、印刷板元件封装符号、器件库查找路径。

表 3-3-1 元件的原理图符号与印刷板元件封装符号

标识	原理图元件符号		印刷板元件封装符号	
	Lib Ref	Libraries(*.IntLib)	Footprint	Libraries(*.PcbLib)
$C_?$	Cap Pol1	Miscellaneous Devices	Rb-.2/.4	Miscellaneous
P_1	D Connector9	Miscellaneous connectors	DB9/F	Miscellaneous
P_2	D Connector9	Miscellaneous Connectors	DB9/M	Miscellaneous
P_3	Header5	Miscellaneous Connectors	MT6CON5V	3.96mm Connectors
R_3	Res2	Miscellaneous Devices	Axial-0.8	Miscellaneous
$R_?$	Res2	Miscellaneous Devices	Axial-0.4	缺省
Q_1	2N3906	Miscellaneous Devices	TO-92A	缺省
Q_2	2N3904	Miscellaneous Devices	TO-92A	缺省
U_1	Optoisolator2	Miscellaneous Devices	DIP6	Pcb Footprints
U_2	Optoisolator2	Miscellaneous Devices	DIP6	Pcb Footprints
U_3	MAX489/491	自行创建(User3.SchLib)	DIP14	Pcb Footprints

表 3-3-2 器件库查找路径

器件库文件名	查找路径
Miscellaneous Device.IntLib	C:\…\Altium Designer\Library
Miscellaneous Connectors.IntLib	C:\…\Altium Designer\Library
Miscellaneous.PcbLib	E:\Protel\Generic Footprints\Miscellaneous
Pcb Footprints.PcbLib	E:\Protel\Generic Footprints\AdvPcb
3.96mm Connectors.PcbLib	E:\Protel\Connectors\3.96mm Connectors
自行创建(User3.ScbLib)	E:\XXXX\Altium Designer\EX3

3.3.2.3 RS232/RS485 总线转换电路 PCB 设计

图 3-3-3 为印刷电路板尺寸图,印刷板尺寸为 3 100 mil × 1 650 mil(78.74 mm × 41.91 mm),定位钻孔直径为 120 mil(3.048 mm),钻孔中心距顶角边 100 mil (2.54 mm)。

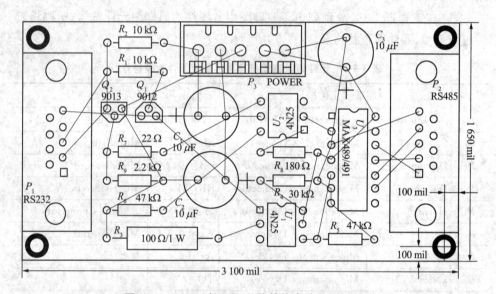

图 3-3-3 RS232/RS485 总线转换电路印刷板尺寸

使用 Altium Designer 印刷板编辑器进行印刷电路板元件布局,并分别以手工和自动布线方法进行印刷电路设计。注意电源与地的线宽为 100 mil(2.54 mm),其余线宽度为 50 mil(1.27 mm)。

如果晶体管 Q_1、Q_2 的印刷板元件焊盘编号顺序与原理图元件引脚编号顺序不同,则可双击晶体管原理图符号,在"元件属性"窗口点击"编辑 Pin…"按钮,修改晶体管 Q_1、Q_2 的原理图元件引脚编号顺序。

§3.4 印刷板图元件创建

3.4.1 实验原理

印刷电路板是电路设计的最终实现形式,印刷板元件封装图形的焊盘与其原理图元件符号的引脚严格对应.PCB设计是通过使用印刷导线、金属化过孔来实现元件引脚之间与电路原理图拓扑结构完全一致的电气互连。

许多常用的印刷板元件封装图形可以在 C:\…\Altium Designer\Library 路径下获得,但是也有相当数量的"特殊"元件封装图形未被包括.因此,在电路设计过程中有必要通过使用印刷板图元件编辑器(PCBLib)来创建新的元件封装图形,或对原有的元件封装图形进行修改。

3.4.1.1　印刷板元件封装图形库文件管理

1. 打开印刷板元件封装图形库文件

执行"File/Open…(文件/打开)"命令,选择印刷板元件封装图形库文件(如"E:\XXXX\Altium Designer\EX4\User4.PcbLib")。

2. 进入印刷板元件封装图形编辑状态

在"PCB Library"窗内的"组件"框选择待编辑元件名称,或者执行"工具/新的空元件"菜单命令,产生库文件内新元件。

3. 编辑印刷板元件封装图形

编辑、修改印刷板元件封装图形、焊盘、丝印外形等属性参数,详见"3.4.1.2 印刷板元件封装图形的创建"。

4. 更新印刷板图设计

如果需要更新相关的印刷板图设计,则可执行"Tools/Update PCB With Current Footprint(工具/用当前封装更新PCB)"命令,使印刷板设计文件中相关元件封装得到更改。

3.4.1.2　印刷板元件封装图形的创建

1. 新建印刷板元件封装图形库文件

(1) 在 Altium Designer 主界面执行"文件/打开工程"命令,选择印刷板项目文件(如 EX4.PrjPCB)。

(2) 在 Project 子窗口,对准指定项目(如"EX4.PrjPCB")按鼠标右键,选择"给工程添加新的/PCB Library"菜单命令,新建印刷板元件封装图形库文件 Pcblib1.PcbLib,并自动产生第一新元件 PcbComponet_1 图形符号编辑区。

(3) 执行"文件/保存为"命令,将印刷板元件封装图形库文件更名为"User4.SchLib"。

(4) 执行"工具/元件属性"命令,在"PCB库元件"窗口更改元件封装名(如 7SegDp),单击"确定"按钮。

2. 放置焊盘

焊盘即为元件封装图的管脚,应该与电原理图元件的引脚(Pin)相对应.

执行"Place/Pad(放置/焊盘)"命令,可以在元件封装图编辑窗口中放置焊盘.随着鼠标的移动,在恰当位置上按鼠标左键放置一个.按元件需要可连续放置若干个焊盘,然后按鼠标右键退出焊盘放置命令.

3. 设置焊盘属性

(1) 鼠标双击选定焊盘,弹出"Pad(焊盘)"属性窗口.

(2) 在"Properties(属性)"框中,输入封装管脚编号 Designator 值(对应电原理图元件引脚编号 Number),选择焊盘层面 Layer(穿透层 MultiLayer、顶层 TopLayer 或底层 BottomLayer).

(3) 在"尺寸与外形"框中,逐项填入焊盘尺寸 X-Size, Y-Size 和焊盘外形 Shape.

(4) 在"孔洞信息"框中,填入焊盘内通孔尺寸 Hole Size、通孔形状.

(5) 完成焊盘属性定义,单击"确定"按钮.

4. 绘制元件封装丝印图形

元件丝印图形(如封装图形边框)一般情况下放在印刷电路板元件面 TopOverlay.

(1) 在元件封装图编辑窗口下,选择 TopOverlay 标签.分别执行"Place/Track(放置/走线)"、"Place/Arc(放置/圆弧)"、"Place/String(放置/字符串)"等命令以绘制丝印线段、丝印圆弧、丝印字符串等元件丝印图形.

(2) 执行"File/Save(文件/保存)"、"File/Close(文件/关闭)"命令,退出封装图编辑界面.

3.4.2 实验内容

3.4.2.1 7段数码显示器元件符号的创建

1. 创建7段数码显示器的原理图元件符号

图 3-4-1(a)为 7 段数码显示器的原理图元件符号示意图,方框外为 7 段数码显示器的引脚(Pin)及编号(Number),方框内为线(Line)、矩形(Rectangle)、字符串(Text).

可以参考"3.3.1.2 原理图元件符号的创建"介绍的方法来创建原理图元件符号.

2. 创建7段数码显示器的印刷板元件封装图形

图 3-4-1(b)为 7 段数码显示器的印刷板元件封装图形尺寸,为 10 芯双列直插型封装。

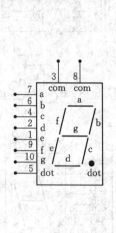 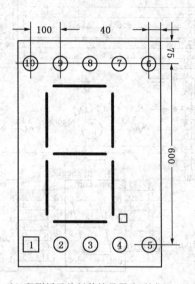

(a) 元件原理图符号　　　(b) 印刷板元件封装符号尺寸(单位:mil)

图 3-4-1　7 段数码显示器的原理图元件符号以及印刷板元件封装图形尺寸

上下两排焊盘(Pad)之间的距离为 600 mil(15.24 mm)、同排中两个相邻焊盘(Pad)之间的距离为 100 mil(2.54 mm)。

1 号焊盘(Pad)为矩形(Rectangle)、2～10 号焊盘(Pad)为圆形(Round)。所有焊盘尺寸为 X-Size = 52 mil、Y-Size = 62 mil、Hole Size = 32 mil。

元件丝印图形(TopOverlay)外框尺寸为 480 mil × 750 mil(12.192 mm × 19.05 mm),上(下)排焊盘距外框上(下)边 75 mil(1.905 mm),左(右)焊盘距外框左(右)边 40 mil(1.016 mm)。

可参考"3.4.1.2 印刷板元件封装图形的创建"介绍的方法来创建印刷板元件封装图形。

3.4.2.2　三位数字动态扫描显示电路原理图编辑

图 3-4-2 为由 Darlington 阵列驱动器件、7 段数码共阳极显示器组成的三位数字动态扫描显示电路原理图,使用 Atium Designer 原理图编辑器进行电路编辑。

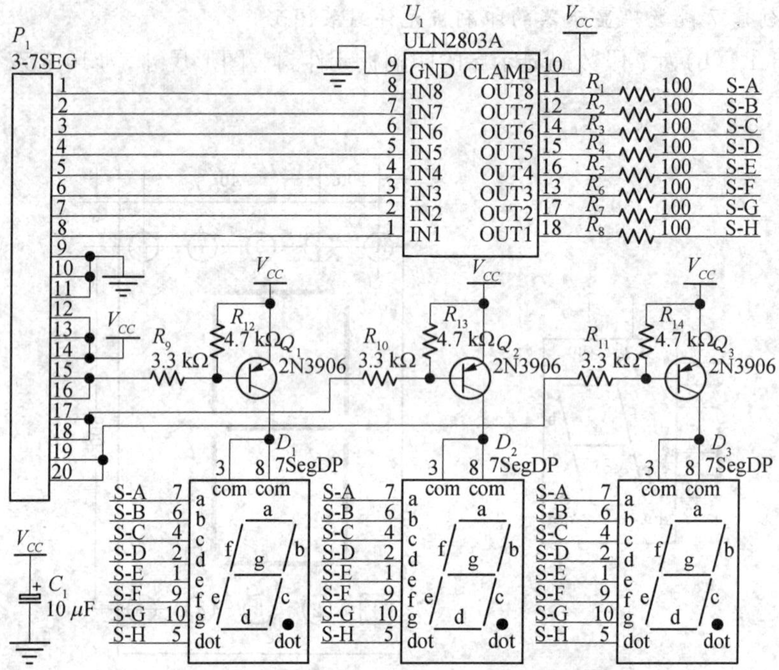

图 3-4-2 三位数字动态扫描显示电路原理图

原理图中，P_1 为动态扫描信号输入(20 芯 2.54 mm)插座，U_1 为 Darlington 阵列驱动器件，$D_?$ 为 7 段数码显示器，$Q_?$ 为晶体管，C_1 为电解电容，$R_?$ 为 1/8 W 电阻。

表 3-4-1 和表 3-4-2 分别列出了原理图中各器件的原理图元件符号、印刷板元件封装符号、器件库查找路径。

表 3-4-1 元件的原理图符号与印刷板元件封装符号

标识	原理图元件符号		印刷板元件封装符号	
	Lib Ref	Libraries(*.IntLib)	Footprint	Libraries(*.PcbLib)
C_1	Cap Pol1	Miscellaneous Devices	Rb-.2/.4	Miscellaneous
$D_?$	7SegDp	自行创建(User4.SchLib)	7SegDp	自行创建(User4.PcbLib)
P_1	Header20	Miscellaneous Connectors	FKV20LB	2.54mm Plain Connectors
$R_?$	Res2	Miscellaneous Devices	Axial-0.4	缺省
$Q_?$	2N3906	Miscellaneous Devices	TO-92A	缺省
U_1	ULN2803A	Allegro Interface Darlington Driver	A18	缺省

表 3-4-2 器件库查找路径

器件库文件名	查找路径
Miscellaneous Device.IntLib	C:\…\Altium Designer\Library
Miscellaneous Connectors.IntLib	C:\…\Altium Designer\Library
Allegro Interface Darlington Driver.IntLib	C:\…\Altium Designer\Library\Allegro
Miscellaneous.PcbLib	E:\Protel\Generic Footprints\Miscellaneous
2.54mm Plain Connectors.PcbLib	E:\Protel\Connectors\2.54mm Plain Connectors
自行创建(User4.SchLib)	E:\XXXX\Altium Designer\EX4
自行创建(User4.PcbLib)	E:\XXXX\Altium Designer\EX4

原理图中具有相同网络标号的电气节点均为电气相连,可用网络标号代替连线,如 S-A, S-B, …, S-H。网络标号通常置于一段导线之上,在总线分支放置网络标号也需插入一段导线。

放置网络标号的步骤如下:执行"Place/Net Label(放置/网络标号)"命令,光标处出现一个虚线框。按下 Tab 键,在"Net Label(网络标识)"窗口设置网络标号后,将光标移到特定节点或导线上,单击鼠标左键完成网络标号放置。

删除网络标号的方法是以鼠标单击待删除网络标号名,再按 Del 键。

3.4.2.3 三位数字动态扫描显示电路 PCB 设计

图 3-4-3 为印刷电路板尺寸图,印刷板尺寸为 3 275 mil × 1 900 mil(83.185 mm × 48.26 mm),定位钻孔直径为 120 mil(3.048 mm),钻孔中心距顶角边 100 mil (2.54 mm)。

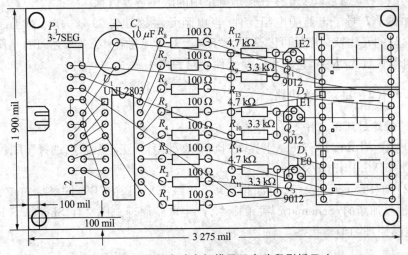

图 3-4-3 三位数字动态扫描显示电路印刷板尺寸

使用 Altium Designer 印刷板编辑器进行印刷电路板元件布局,并分别以手工和自动布线方法进行印刷电路设计。注意电源与地的线宽为 100 mil(2.54 mm),其余线宽度为 14 mil(0.355 6 mm)。

如果晶体管 $Q_1 \sim Q_3$ 的印刷板元件焊盘编号顺序与原理图元件引脚编号顺序不同,则可双击晶体管原理图符号,在"元件件属性"窗口点击"编辑 Pin…"按钮,修改晶体管 $Q_1 \sim Q_3$ 的原理图元件引脚编号顺序。

§3.5 Altium Designer 使用指南

3.5.1 层次电路原理图编辑方法

层次电路就是将系统分解为若干子系统,若需要还可将子系统再分解为若干子电路,以多张子电路原理图共同表达整个电路系统。建立层次电路项目文件采用自上而下方式。

3.5.1.1 层次电路元件序号标识形式

对使用元件序号 Designator(标识)默认设置的元件,如以"$U_?$"作为元件序号的集成电路器件,以"$R_?$"作为元件序号的电阻等,可以通过执行"Tools/Annotate…(工具/标注所有器件)"进行自动编号。

层次电路中的子电路分别具有各自的原理图,子电路中的元件序号可以包含元件类型、子电路号以及元件在该子电路中的顺序号等信息。

如属于 5 号子电路的电阻元件,当电阻元件数目在 99 以内时,对于序号在 1~9 之间的元件默认序号可以设置为"$R_{50?}$",对于序号在 10~99 之间的元件默认序号可以设置为"$R_{5?}$",这样可以使元件序号长度一致。

3.5.1.2 建立层次电路

1. 新建原理图文件

(1) 在 Altium Designer 主界面,执行"文件/打开工程"命令,选择印刷板项目文件(如"EX5.PrjPCB")。

(2) 在 Project 子窗口,对准指定项目(如"EX5.PrjPCB")按鼠标右键,选择"给工程添加新的/Schematic"菜单命令,产生电路原理总图文件 Sheet1.SchDoc,进入电路原理图编辑状态。

2. 产生子电路方框

(1) 在原理图编辑窗口内,执行"Place/Sheet Symbol(放置/图表符)"命令,出现一个随光标移动的方框.

(2) 按下 Tab 键,在"Sheet Symbol(方块符号)"对话窗,设置子电路的 Designator(标识)、Filename(子电路原理图文件名.SchDoc)等主要属性.单击"确定"按钮.

(3) 移动光标到指定位置,单击鼠标左键,固定子电路的左上角.再移动光标,单击左键,固定子电路的右下角,产生一个子电路方框.

(4) 重复步骤(2)与(3),继续产生多个子电路方框.单击鼠标右键,退出子电路方框产生状态.

3. 放置子电路端口

(1) 执行"Place/Add Sheet Entry(放置/添加图纸入口)"命令,在子电路方框内单击鼠标左键,出现一个随光标移动的子电路 I/O 端口.

(2) 按下 Tab 键,在"Sheet Entry(方块入口)"对话窗设置子电路 I/O 端口的 Name(名称)、Style(形状种类)、I/O Type(类型)等主要属性.单击"确定"按钮.

(3) 将光标移到适当位置,单击鼠标左键,固定子电路 I/O 端口.

(4) 重复步骤(2)与(3),继续放置多个 I/O 端口.单击鼠标右键,退出端口放置状态.

4. 编辑电路原理总图

使用导线或总线将不同方框中端口名称相同的子电路 I/O 端口连接在一起,完成电路总图 Sheet1.SchDoc.

5. 创建子电路原理图

(1) 执行"Design/Create Sheet Form Symbol(设计/产生图纸)"命令,由子电路方框创建子电路原理图.

(2) 以鼠标单击相应子电路方框,进入子电路原理图文件(.SchDoc)编辑区.

(3) 采用原理图常规编辑方法,编辑该子电路原理图.

(4) 根据需要可以执行"Place/Port(放置/端口)"命令,在该子电路原理图增加 I/O 端口.然后执行"设计/同步图纸入口与端口"命令.

(5) 重复步骤(1)~(4),完成所有子电路原理图文件(.SchDoc)的编辑.

3.5.2 印刷电路板后续处理

印刷电路板布线完成后,除了需要进行修改自动布线产生的不理想走线,还可以在印刷电路板上采取敷铜区与填充区放置、焊盘泪滴化措施,以提高印制板的工作可靠性.

与接地节点相连的敷铜区或填充区具有屏蔽高频干扰、减少接地电阻的作用.将敷铜区或填充区放置于功率元件四周,能够改善器件的散热条件.焊盘泪滴化可以提高焊盘与导线连接处的宽度,使焊盘与导线的连接更坚固可靠.

3.5.2.1 敷铜区放置

(1) 执行"Place/Polygon Plane…(放置/多边形敷铜)"命令,进入"Polygon Plane(多边形敷铜)"设置窗口.

(2) 在"Net Options(网络选项)"选项框,选择"Connect to Net(连接到网络)"下拉列表窗内欲与敷铜区相连的节点,如 GND.选中"Pour Over Same Polygons only",以敷铜区覆盖所选网络节点.还可选中"Remove Dead Copper(死铜移除)",以删除孤立敷铜区.

(3) 在"属性"选项框,填入敷铜区名,下拉"Layer(层)"列表选择所在布线层.

(4) 在"填充模式"选项框,可选择"Solid(Copper Regions)覆盖"、"Hatched (Tracks/Arcs) 影线"、"None(Outlines Only)轮廓"选项.

(5) 单击"确定"按钮,"Polygon Plane(多边形敷铜)"设置窗口关闭,出现"十"字光标.

(6) 将光标移到敷铜区起点,单击左键,不断移动光标在多边形的多个顶点处,单击左键.当单击右键时,可形成多边形敷铜区.

3.5.2.2 设置泪滴焊盘及泪滴过孔

(1) 执行"Tools/Teardrops(工具/滴泪)",进入"泪滴选项"设置窗口.
(2) 在"概要"选项框,可选择"全部焊盘"、"全部过孔"、"仅选择对象".
(3) 在"行为"选项框,可选择"Add(添加)泪滴"、"Remove(删除)泪滴".
(4) 在"泪滴类型"选项框,可选择"Arc(圆弧)"、"轨迹".
(5) 单击"确定"按钮,可得到焊盘泪滴化效果或使焊盘恢复原来状态.

参 考 文 献

[1] 陈光梦主编.模拟电子学基础(第二版).上海:复旦大学出版社,2009
[2] 陈光梦主编.数字逻辑基础(第三版).上海:复旦大学出版社,2009
[3] 童诗白主编.模拟电子技术基础.北京:高等教育出版社,2001
[4] 阎石主编.数字电子技术基础.北京:高等教育出版社,2002
[5] 贾新章主编.OrCAD/PSpice9 实用教程.西安:西安电子科技大学出版社,1999
[6] 潘永雄主编.电子线路 CAD 实用教程.西安:西安电子科技大学出版社,2001
[7] 陆廷璋主编.模拟电子线路实验.上海:复旦大学出版社,1990
[8] 蓝鸿翔主编.电子线路基础(上、下册).北京:人民教育出版社,1983

复旦 电子学基础系列

※ 模拟电子学基础	陈光梦	编著
□ 数字逻辑基础	陈光梦	编著
○ 高频电路基础	陈光梦	编著
现代工程数学	王建军	编著
模拟与数字电路基础实验	孔庆生	编著
模拟与数字电路实验	王 勇	主编
微机原理与接口实验	俞承芳 李 旦	主编
近代无线电实验	陆起涌	主编
电子系统设计	俞承芳 李 旦	主编
模拟电子学基础与数字逻辑基础学习参考	王 勇 陈光梦	编著

加"※"者为普通高等教育"十二五"国家级规划教材；

加"□"者为普通高等教育"十一五"国家级规划教材，2011年荣获第二届中国大学出版社图书奖优秀教材奖一等奖；

加"○"者2012年荣获中国电子教育学会全国电子信息类优秀教材奖二等奖，2013年荣获第三届中国大学出版社图书奖优秀教材奖一等奖.

图书在版编目(CIP)数据

模拟与数字电路基础实验/孔庆生编著. —上海：复旦大学出版社，2014.8(2025.1 重印)
ISBN 978-7-309-10905-4

Ⅰ.模… Ⅱ.孔… Ⅲ.①模拟电路-实验-高等学校-教材②数字电路-实验-高等学校-教材
Ⅳ.①TN710-33②TN79-33

中国版本图书馆 CIP 数据核字（2014）第 170461 号

模拟与数字电路基础实验
孔庆生　编著
责任编辑/梁　玲

复旦大学出版社有限公司出版发行
上海市国权路 579 号　邮编：200433
网址：fupnet@fudanpress.com　http://www.fudanpress.com
门市零售：86-21-65102580　　团体订购：86-21-65104505
出版部电话：86-21-65642845
上海崇明裕安印刷厂

开本 787 毫米×960 毫米　1/16　印张 16.25　字数 277 千字
2025 年 1 月第 1 版第 2 次印刷

ISBN 978-7-309-10905-4/T·522
定价：59.00 元

如有印装质量问题，请向复旦大学出版社有限公司出版部调换。
版权所有　　侵权必究